装配式建筑产业工人技能培训教材

构件装配工

主　编　吴耀清　刘　萍

黄河水利出版社

·郑州·

内 容 提 要

本教材以培养建筑产业化工人为目标,以装配式产业基地、装配式企业实践为基础,结合国家、行业、地方、企业标准,阐述装配式建筑基本知识、装配式建筑构件连接方式、装配式建筑识图、构件装配施工、构件连接施工、质量检查与验收、信息化装配技术和安全文明施工等内容。

图书在版编目(CIP)数据

构件装配工/吴耀清,刘萍主编. —郑州:黄河水利出版社,2019.3

装配式建筑产业工人技能培训教材

ISBN 978 - 7 - 5509 - 2243 - 3

Ⅰ.①构…　Ⅱ.①吴…　②刘…　Ⅲ.①建筑工程 - 装配式构件 - 技术培训 - 教材　Ⅳ.①TU7

中国版本图书馆 CIP 数据核字(2018)第 291610 号

出　版　社:黄河水利出版社　　　　　　　网址:www.yrcp.com

　　地址:河南省郑州市顺河路黄委会综合楼 14 层　　邮政编码:450003

发行单位:黄河水利出版社

　　发行部电话:0371 - 66026940、66020550、66028024、66022620(传真)

　　E-mail:hhslcbs@126. com

承印单位:河南承创印务有限公司

开本:890 mm × 1 240 mm　1/32

印张:4.125

字数:120 千字　　　　　　　　　　印数:1—3 000

版次:2019 年 3 月第 1 版　　　　　　印次:2019 年 3 月第 1 次印刷

定价:25.00 元

装配式建筑产业工人技能培训教材

编审委员会

序

发展装配式建筑,是全面贯彻党的十九大精神和习近平总书记系列讲话精神、推进供给侧结构性改革和新型城镇化发展的重要举措,是贯彻创新、协调、绿色、开放、共享的发展理念,节约资源能源、减少施工污染、提升劳动生产效率和质量安全水平的有力抓手,是提高城市建设水平、促进建筑业与信息化工业化的深度融合、培育新产业新动能、推动化解过剩产能的有效途径。

当前,传统的建筑业农民工队伍和营造方式已经不能满足建筑业转型发展的需求,也不能适应装配式建筑施工的新要求。传统农民工向技能型岗位工人转型,单一型岗位技能工人向复合型岗位技能工人转型,已成为解决装配式建筑快速发展过程中对新的技能型工人需求问题的主要途径。基于这一现状,河南省政府办公厅在《关于大力发展装配式建筑的实施意见》中提出了"333"人才工程计划,即于2020年底前培养300名高层次专业人才、3 000名一线专业技术管理人员、30 000名生产施工技能型产业工人。这一计划既是河南省培养装配式人才队伍的具体要求,也是国家装配式建筑发展战略的落实点之一。2018年11月9日,住房和城乡建设部同意在河南、四川两省开展培育新时期建筑产业工人队伍试点工作。河南省将进一步深化建筑用工制度改革,建立建筑工人职业化发展道路,推动建筑业农民工向建筑工人转变,健全建筑工人技能培训、技能鉴定体系,加快建设知识型、技能型、创新型建筑业产业工人大军的步伐。

装配式建筑产业的发展,需要政府、企业、院校和社会公众的共同关注和积极参与。装配式建筑人才的培养,需要培训教材的支撑。此前,河南省已经出版了装配式混凝土建筑基础理论及关键技术丛书,并被列为"十三五"国家重点出版规划项目。此次编写的装配式建筑产业工人技能培训教材,是在学习总结前书编写经验的基础上,充分考虑读者的需求,内容上贴近工程实践、注重技能提升,形式上采用了视频动画和 VR 技术等多种表现方法,图文并茂,通俗易懂,可作为建筑施工企业工人培训教材及建设类职业院校相关专业教学辅助用书。希望本套丛书的出版和应用,能形成可复制、可推广的模式,为探索新时期建筑产业工人的职业技能教育和素质教育,进而提高工程质量和城市建设水平提供理论基础和实践依据。

本书编委会

2018 年 12 月 20 日

前　言

　　本教材从装配式建筑基本知识、装配式建筑构件连接方式、装配式建筑识图、构件装配施工、构件连接施工、质量检查与验收、信息化装配技术等和安全文明施工方面入手系统介绍装配工应该掌握的知识和技能。力求反映我国当前在装配式混凝土建筑施工方面的新技术、新材料、新工艺以及建筑设计的发展动态，通过工程实际，运用多媒体资料，使教材内容与本工种的需要紧密结合。教材内容精炼、图文并茂、展现方式多样化。为提高学习质量及效率，教材采用"互联网＋教材"的模式开发了本教材配套 AR 和二维码等，读者通过"扫一扫"扫描书中二维码进行查看相关知识点的多媒体资源。

　　本教材由河南省建设教育协会组织编写，共 8 章，中建科技河南有限公司吴耀清、河南建筑职业技术学院刘萍担任主编，河南工程学院刘继鹏、中建科技河南有限公司郭壮雨、河南建筑职业技术学院李奎担任副主编；参编人员分别为：中建科技河南有限公司的李胜杰、李旭光、苏放、冯林；全书由河南建筑职业技术学院吕秀娟审稿。

　　本教材在编写过程中，参考和借鉴了有关书籍和图片资料，国家现行的规范、规程及技术标准。另外，书中很多实例来自中国建筑第七工程局有限公司及其他兄弟单位，在此一并致以衷心的感谢！

　　由于编者水平有限，书中难免存在不足和疏漏之处，敬请读者批评指正。

编　者
2018 年 11 月

目　　录

第三部分　现场管理

第一部分　基础理论
（扫码学习）

第一章　装配式建筑基本知识

装配式建筑是指工厂生产的预制部品、部件在施工现场装配而成的建筑。装配式建筑可充分发挥预制部品、部件的高质量优势,实现建筑标准的提升,通过发挥现场装配的高效率,实现建造综合效益的提升。发展装配式建筑是建筑业建造方式的变革。

装配式建筑可以分为两部分:一部分是构件生产,另一部分是构件组装。因此,建筑行业的转型就是建筑构件向工业化方式转型,施工方式向集成化方式转型。与传统建筑业生产方式相比,装配式建筑的工业化生产在设计、施工、装修、验收、工程项目管理等各个方面都具备明显的优越性。

本章详细内容,读者可扫描右边二维码进行阅读和学习。

第二章　装配式建筑构件连接方式

　　装配式建筑的核心在于采用什么样的装配式结构体系和工艺体系来保证预制构件的传力，以及构件、节点的协同工作。

　　装配整体式混凝土结构的连接以湿连接为主要方式，连接方法主要有套筒灌浆连接、浆锚搭接连接、后浇混凝土连接等。装配整体式混凝土结构具有较好的整体性和抗震性。目前，大多数 PC 建筑都是装配整体式。

　　全装配混凝土结构的 PC 构件靠干连接（如螺栓连接、焊接等）形成整体。预制钢筋混凝土柱单层厂房就属于全装配混凝土结构。国外一些低层建筑或非抗震地区的多层建筑采用全装配混凝土结构。

　　本章详细内容，读者可扫描右边二维码进行阅读和学习。

第三章　装配式建筑识图

　　施工图是表示工程项目总体布局,建筑物的外部形状、内部布置、结构构造、内外装修、材料做法,以及设备、施工等要求的图样。图纸具有信息完备、表达准确、要求具体等特点,是进行工程施工、编制施工图预算和施工组织设计的依据,也是进行技术管理的重要技术文件。

　　本章详细内容,读者可扫描右边二维码进行阅读和学习。

第二部分　操作实践

第四章　构件装配施工

装配式混凝土建筑构件吊装施工在整个装配式建筑施工过程中起着重要作用,主要作业内容包括构件起吊、就位、调整、固定等,最终完成构件的临时就位。本章针对预制混凝土构件吊装施工进行详细的阐述和讲解,内容包括装配式结构工艺原理及流程、准备工作、构件吊装和就位等。

第一节　施工工艺流程和组织

一、装配式混凝土建筑结构装配施工工艺流程

在装配式建筑结构主体阶段准备施工的同时,PC 构件进行深化设计和车间生产制作,结合现场施工工期合理安排构件加工周期,加工完成后运送到工地现场进行装配化施工,装配式混凝土建筑结构施工工艺流程如图 4-1 所示。

二、预制构件吊装阶段施工平面布置

在施工现场平面布置策划中,除需要考虑生活办公设施、施工便道、堆场等临建布置外,还应根据工程预制构件种类、数量、最大重量、位置等因素结合工程运输条件,设置构件专用堆场及道路;PC 构件堆场设置需满足预制构件堆载重量、堆放数量,结合方便施工、垂直运输设备吊运半径及吊重等条件进行设置,构件运输道路设置应能够满足构件运输车辆载重、转弯半径、车辆交汇等要求。

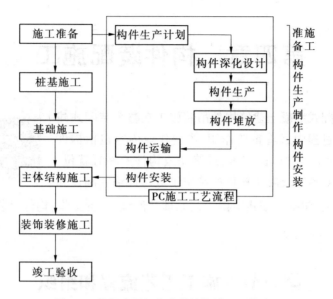

图4-1　装配式混凝土建筑结构施工工艺流程

（1）在地下室外墙土方回填完后，需尽快完善临时道路和临水临电线路，硬化预制构件堆场。将来需要破碎拆除的临时道路和堆场，可采取能多次周转使用的装配式混凝土路面、场地技术，将会节约成本，减少建筑垃圾外运。

（2）施工道路宽度需满足构件运输车辆的双向开行及卸货吊车的支设空间，道路平整度和路面强度需满足吊车吊运大型构件时的承载力要求。

（3）对于21 m货车，路宽宜为6 m，转弯半径宜为20 m，可采用200 mm厚C30混凝土硬化道路。场内道路设置原则可参考图4-2。

（4）构件存放场地的布置宜避开地下车库区域，以免对车库顶板施加过大临时荷载。

（5）墙板、楼面板等重型构件宜靠近塔吊中心存放，阳台板、飘窗板等较轻构件可存放在起吊范围内的较远处。

（6）各类构件宜靠近且平行于临时道路排列，便于构件运输车辆

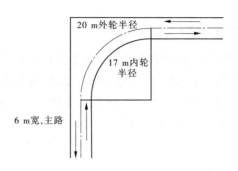

图4-2 道路转角布置示意图

卸货到位和施工中按顺序补货,避免二次倒运。

(7)不同构件堆放区域之间宜设宽度为 0.8 ~ 1.2 m 的通道。将预制构件的存放位置按构件种类进行划分,用黄色油漆涂刷分隔线,并在各区域标注构件类型。存放构件时应一一对应,以提高吊装的准确性,便于堆放和吊装。

(8)构件存放宜按照吊装顺序及流水段配套堆放,构件叠层存放时,应满足安装顺序要求,先吊装的构件在上,后吊装的构件在下,如图4-3所示。

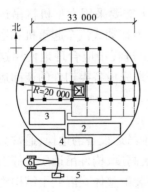

1—自升式塔式起重机;2—墙板存放区;3—楼板存放区;

4—柱、梁存放区;5—运输道路;6—履带式起重机

图4-3 标准层构件堆放平面布置示意图

三、吊装作业劳动力组织管理

装配整体式混凝土结构在施工中，需要进行大量的吊装作业。吊装作业的效率将直接影响到工程施工的进度，吊装作业的安全将直接影响到施工现场的安全文明管理。吊装作业班组一般由班组长、吊装工、测量工、司索工等组成，如图4-4所示。

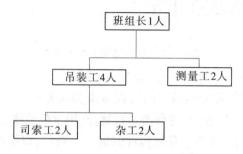

图4-4　吊装作业劳动力组织管理

四、吊装设备的管理

装配整体式混凝土结构，一般情况下采用的预制构件体型较大，人工很难对其加以吊运安装作业，通常情况下需要采用大型机械吊运设备完成构件的吊运安装工作。吊运设备分为移动式汽车起重机和塔式起重机，如图4-5、图4-6所示。在实际施工过程中应合理地使用这两种吊装设备，使其优缺点互补，以便于更好地完成各类构件的装卸运输吊运安装工作，取得最佳的经济效益。

（一）移动式汽车起重机选择

在装配整体式混凝土结构施工中，对于吊运设备的选择，通常会根据设备造价、合同周期、施工现场环境、建筑高度、构件吊运质量等因素综合考虑确定。一般情况下，在低层、多层装配整体式混凝土结构施工中以及现场构件需二次倒运时，预制构件的吊运安装作业通常采用移动式汽车起重机。

图4-5 移动式汽车起重机   图4-6 塔式起重机

（二）塔式起重机选择

（1）塔式起重机选型首先取决于装配整体式混凝土结构的工程规模，如小型多层装配整体式混凝土结构工程，可选择小型的经济型塔式起重机，高层建筑的塔式起重机，宜选择与之相匹配的起重机械。因垂直运输能力直接决定结构施工速度的快慢，要对不同塔式起重机的差价与加快进度的综合经济效果进行比较，合理选择。

（2）塔式起重机应满足吊次的需求。

塔式起重机吊次计算：一般中型塔式起重机的理论吊次为 80～120 次/台班。塔式起重机的吊次应根据所选用塔式起重机的技术说明中提供的理论吊次进行计算。计算时可按所选塔式起重机所负责的区域、每月计划完成的楼层数，统计需要塔式起重机完成的垂直运输的实物量，合理计算出每月实际需用吊次，再计算每月塔式起重机的理论吊次（根据每天安排的台班数）。

（3）塔式起重机覆盖面的要求。

塔式起重机型号决定了塔式起重机的臂长幅度，布置塔式起重机时，塔臂应覆盖堆场构件，避免出现覆盖盲区，减少预制构件的二次搬运。最大起重能力的要求：在塔式起重机的选型中应结合塔式起重机的尺寸及起重量荷载特点进行确定，重点考虑工程施工过程中，最重的预制构件对塔式起重机吊运能力的要求，应根据其存放的位置、吊运的部位、距塔中心的距离，确定该塔式起重机是否具备相应的起重能力。确定塔式起重机方案时应留有余地。塔式起重机不满足吊重要求时，必须调整塔型使其满足要求。

（三）横吊梁

横吊梁俗称铁扁担、扁担梁,常用于梁、柱、墙板、叠合板等构件的吊装。用横吊梁吊运构件时,可以防止因起吊受力对构件造成的破坏,便于构件更好地安装、校正。常用的横吊梁有框架吊梁、单根吊梁,如图4-7所示。

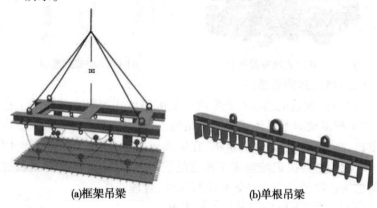

(a)框架吊梁　　　　　　　　(b)单根吊梁

图4-7　横吊梁示意图

（四）PC 常用吊装梁吊索及配件

1.钢丝绳吊索

吊索宜采用 6 × 37 型钢丝绳制作成环状吊索或八股头吊索(见图4-8),也可采用 6 × 19 型,其长度和直径应根据吊物的几何尺寸、重量和所有的吊装工具、吊装方式予以确定。使用时可采用单根、双根、四根或者多根悬吊形式。

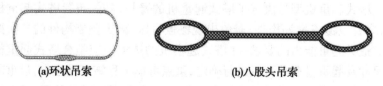

(a)环状吊索　　　　　　　(b)八股头吊索

图4-8　吊索

2.吊索配件

吊钩等配件应有制造厂的合格证明书,表面应光滑,不得有裂纹、划痕、剥裂、锐角等现象存在,否则严禁使用;卸扣用于索具与末端配件之间,起连接作用,在吊装起重作业中,直接连接起重滑车、吊环、或者固定绳索,是起重作业中用得最广泛的连接工具,如图4-9所示。

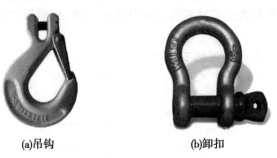

(a)吊钩　　　　　　　　　　(b)卸扣

图4-9　吊索配件示意图

3.吊装带

目前使用的常规吊装带(合成纤维吊装带),一般采用高强度聚酯长丝制作。根据外观分为环形穿芯、环形扁平、双眼穿芯、双眼扁平四类,吊装能力一般为1~300 t,如图4-10所示。一般采用国际色标来区分吊装带的吨位,紫色为1 t,绿色为2 t,黄色为3 t,灰色为4 t,红色为5 t,橙色为10 t等;对于吨位大于12 t的,均采用橘红色进行标识,同时带体上均有荷载标识标牌。

图4-10　吊装带示意图

五、预制构件起吊的基本要求

预制构件吊装施工流程主要包括构件起吊、就位、调整、脱钩等主要环节。通常在楼面混凝土浇筑完成后开始准备工作。准备工作有测量放样、临时支撑就位、斜撑连接件安装、止水胶条粘贴等。然后开始预制构件吊装施工,期间尚需要与其他作业工序之间的协调和配合工作。为确保吊装施工顺利和有序高效地实施,预制构件吊装前应做好以下几个方面的准备工作。

(一)预制构件吊装工艺流程

预制构件吊装工艺流程如图4-11所示。

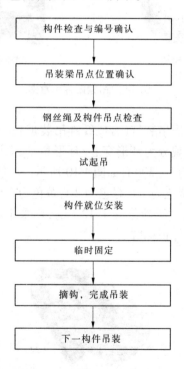

图4-11　预制构件吊装工艺流程

(二)确定构件吊装顺序

不同的预制构件其吊装顺序各不相同。吊装前应详细规划构件的吊装顺序,防止构件钢筋"打架"或者已安装完成的墙体钢筋影响相邻墙体的安装。吊装顺序可依据吊装施工顺序图执行。

（三）确认吊装所用的预制构件

吊装前应确认目前吊装所用的预制构件是否按计划要求进场、验收，堆放位置是否在吊装设备有效吊装范围内，构件是否有质量缺陷。

（四）吊装设备的检查

（1）确认吊装设备（如塔吊）的有效吊装范围、构件自重等。

（2）对主要吊装用机械器具，检查确认其必要数量及安全性。

（3）构件吊装用器材、吊具等。

（4）吊装用斜向支撑和支撑架准备。

（5）焊接器具及焊接用器材。

（6）临时连接铁件准备。

（五）吊装施工前的确认

（1）建筑物总长、纵向尺寸和横向尺寸以及标高。

（2）结合用钢筋以及结合用铁件的位置及高度。

（3）吊装精度测量用的基准线位置。

（六）机械设备选型原则

（1）适应性：施工机械与建设项目的实际情况相适应，即施工机械要适应建设项目的施工条件和作业内容。施工机械的工作容量、生产效率等要与工程进度及工程量相符合，避免因施工机械设备的作业能力不足而延误工期，或因作业能力过大而使机械设备的利用率降低。

（2）高效性：通过对机械功率、技术参数的分析研究，在与项目条件相适应的前提下尽量选用生产效率高的机械设备。

（3）稳定性：选用性能优越稳定、安全可靠、操作简单方便的机械设备。避免因设备异常不能运转而影响工程项目的正常施工。

（4）经济性：在选择工程施工机械时，必须权衡工程量与机械费用的关系。尽可能选用低能耗、易保养维修的施工机械设备。

（5）安全性：选用的施工机械的各种安全防护装置要齐全、灵敏可靠。此外，在保证施工人员、设备安全的同时，应注意保护自然环境及已有的建筑设施，不致因所采用的施工机械设备及其作业而受到破坏。

(七)预制构件吊装要求

(1)预制构件应按施工方案的要求吊装,起吊时绳索与构件水平面的夹角不宜小于60°,且不应小于45°,如图4-12所示。

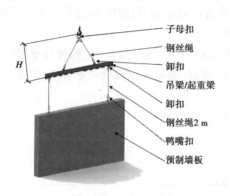

子母扣
钢丝绳
卸扣
吊梁/起重梁
卸扣
钢丝绳2 m
鸭嘴扣
预制墙板

图4-12　装配式建筑竖向构件吊装示意图

(2)预制构件吊装应采用慢起、快升、缓放的操作方式。预制墙板就位宜采用由上而下插入式吊装形式。

(3)预制构件吊装过程不宜偏斜和摇摆,严禁吊装构件长时间悬挂在空中。

(4)预制构件吊装时,构件上应设置缆风绳,保证构件就位平稳。

(5)预制构件的混凝土强度应符合设计要求。当设计无具体要求时,混凝土同条件立方体抗压强度不宜小于混凝土强度等级值的75%。

(八)预制构件吊装临时固定措施

预制构件吊装临时固定措施应严格按照施工方案的要求实施。

1. 独立钢支柱系统

(1)根据支撑构件上的设计荷载选择合理的独立钢支柱型号,并保证在支撑结构作业层上的施工荷载不得超过设计允许荷载。

(2)独立钢支撑的拆除应符合现行国家相关标准的规定,一般应保证持续两层有支撑;当楼层结构不能满足承载要求时,严禁拆除下层支撑。

2. 临时斜支柱支撑系统

（1）预制竖向构件施工过程中应设置临时支撑，其支撑搭设宜多方向对称布置，预制柱竖向构件临时钢支柱斜支撑的搭设不应小于两个方向，且每个方向不宜小于两道，如图 4-13 所示。

图 4-13　装配式建筑竖向构件临时固定示意图

（2）预制竖向构件吊运到既定位置后，应及时通过调节钢支柱斜杆的长度来调节竖向构件的垂直偏差，待调节固定好竖向构件后，方可拆除吊环。

第二节　预制柱装配施工

一、工艺原理及流程

（一）工艺原理

装配式项目普遍采用的预制钢筋混凝土框架柱，通常是通过预埋于柱底内的半灌浆套筒注入灌浆料拌和物，通过拌和物硬化形成整体并实现传力，使得上下层主筋对接连接，如图 4-14 所示。

（二）主要工艺流程

预制框架柱进场、验收→弹出构件控制线→安装吊具→预制框架柱扶直→预制框架柱吊装→预留钢筋定位→水平调整、竖向校正→斜支撑固定→构件安装检查验收→接头连接→灌浆检查验收。

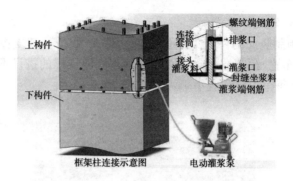

框架柱连接示意图   电动灌浆泵

图 4-14　预制柱上下层主筋的灌浆施工示意图

二、准备工作

(一)构件进场检验

预制梁柱桁架类构件外形尺寸允许偏差及检验方法应符合表 4-1 的规定。

表 4-1　预制梁柱桁架类构件外形尺寸允许偏差及检验方法

项次	检查项目		允许偏差（mm）	检验方法
1	规格尺寸	长度	<12 m	±5	用尺量两端及中间部位，取其中偏差绝对值较大值
			≥12 m 且 <18 m	±10	
			≥18 m	±20	
2		宽度	±5	用尺量两端及中间部位，取其中偏差绝对值较大值
3		高度	±5	用尺量板四角和四边中部位置共 8 处，取其中偏差绝对值较大值
4		表面平整度	4	用 2 m 靠尺安放在构件表面上，用楔形塞尺量测靠尺与表面之间的最大缝隙

续表 4-1

项次	检查项目			允许偏差 （mm）	检验方法
5	侧向弯曲	梁柱		$L/750$ 且 ≤20 mm	拉线，钢尺量最大弯曲处
		桁架		$L/1\,000$ 且≤20 mm	
6	预埋 部件	预埋 钢板	中心线位置偏移	5	用尺量测纵横两个方向的 中心线位置，记录其中较大 值
			平面高差	0，−5	用尺紧靠在预埋件上，用 楔形塞尺量测预埋件平面与 混凝土面的最大缝隙
7		预埋 螺栓	中心线位置偏移	2	用尺量测纵横两个方向的 中心线位置，记录其中较大 值
			外露长度	+10，−5	用尺量
8	预留 孔		中心线位置偏移	5	用尺量测纵横两个方向的 中心线位置，记录其中较大 值
			孔尺寸	±5	用尺量测纵横两个方向尺 寸，取其最大值
9	预留 洞		中心线位置偏移	5	用尺量测纵横两个方向的 中心线位置，记录其中较大 值
			洞口尺寸、深度	±5	用尺量测纵横两个方向尺 寸，取其最大值

续表 4-1

项次		检查项目	允许偏差 （mm）	检验方法
10	预留 插筋	中心线位置偏移	3	用尺量测纵横两个方向的 中心线位置，记录其中较大 值
		外露长度	±5	用尺量
11	吊环	中心线位置偏移	10	用尺量测纵横两个方向的 中心线位置，记录其中较大 值
		留出高度	0，－10	用尺量
12	键槽	中心线位置偏移	5	用尺量测纵横两个方向的 中心线位置，记录其中较大 值
		长度、宽度	±5	用尺量
		深度	±5	用尺量
13	灌浆 套筒 及钢 筋连 接	灌浆套筒 中心线位置	2	用尺量测纵横两个方向的 中心线位置，记录其中较大 值
		连接钢筋 中心线位置	2	用尺量测纵横两个方向的 中心线位置，记录其中较大 值
		连接钢筋外露位置	+10，0	用尺量

（二）工具准备

预制柱安装标准化工装系统包括全站仪、经纬仪、水准仪、塔尺、墨斗、卷尺、钢筋扳手、电钻、钢筋定位框、钢垫片、套筒及螺栓、坐浆料、砂浆铲、观察镜、预制构件定位仪、千斤顶、斜支撑、七字码、电动灌浆泵、手动注枪、三联试模、圆锥截模、钢化玻璃板、灌浆料、搅拌机、搅拌桶、电子称、量杯、温度计、钢直尺、橡胶塞、套筒灌浆平行试验箱、膨胀螺栓、螺栓、螺栓扳手等,其中钢筋定位框、预制构件定位仪、七字码、套筒灌浆平行试验箱为创新工装,具体标准化工装详见表4-2。

表 4-2　预制剪力墙、预制框架柱标准化工装

序号	工序名称	工装图片	工装名称	主要用途
1	钢筋校核		钢筋定位框	与钢筋扳手配合使用,用于校核钢筋位置及钢筋垂直度
2	预制构件钢垫片及坐浆料铺设		钢垫片	用于控制预制墙板竖向标高,宜采用 2 mm、3 mm、5 mm、10 mm 钢板,垫片需做防锈处理
3			套筒及螺栓	套筒及螺栓配套使用,用于调整预制构件竖向标高
4	预制承重构件安装		斜支撑	用于固定预制竖向构件及调整构件垂直度
5			七字码	用于调整预制构件水平位移
6			观察镜	用于观察套筒与钢筋位置

续表 4-2

序号	工序名称	工装图片	工装名称	主要用途
7	预制构件套筒灌浆验收		套筒灌浆平行试验箱	用于检测套筒灌浆密实度

预制承重构件标准化工装应用流程如图 4-15 所示。

预制承重构件测量放线

构件接触面凿毛及钢筋校正

预制构件钢垫片及坐浆料铺设

预制承重构件安装

预制承重构件验收

预制承重构件套筒灌浆

图 4-15　预制承重构件标准化工装应用流程

（三）**技术准备**

（1）熟悉图纸：对单位工程的图纸，尤其是柱子编号图、构件加工图、节点构造大样图，应进行全面的了解，认真掌握构件的型号、数量、重量、节点做法、施工操作要求、安全生产技术、高空作业的有关规定和各部位之间的相互关系等。

（2）编制吊装和灌浆专项方案：应根据建筑物的结构特点和施工工艺要求，结合现场实际条件，认真编制结构吊装方案，并对施工人员进行安全、质量、技术交底。

（四）**场地准备**

1. 场地验收

（1）调整预制柱上部的外露钢筋，复核底面钢筋位置、规格与数量、几何形状和尺寸与设计方案是否一致；利用水准仪校核预制框架柱底面标高、控制件预埋钢筋标高，并满足要求，如图 4-16 所示。

图 4-16　柱插筋预留和位置复核

（2）按照施工组织设计选定的吊装机械进场，经试运转、鉴定符合安全生产规程后，准备好吊装用具，方可投入吊装。

（3）搭好脚手架安全防护设施。按照施工组织设计的规定，在吊装作业面上搭设吊装作业脚手架和操作平台及安全防护设施，并经有关人员检查、验收、鉴定符合安全生产规程后方可正式作业。无安全防护及安全措施，不符合要求者不得进场作业。

（4）将本楼层需用的梁、柱，按平面位置就近平放。为防止柱子在翻转起吊时小柱头触地产生裂纹或弯折主筋，可采用安全支腿，或在柱端主筋处加设垫木。

　　(5)对柱基层进行浮灰剃凿清理(见图4-17),消除垃圾、水泥薄膜、表面上松动的砂石,同时应将表面凿毛,并确认构件安装区域内无高度超过20 mm的杂物;用水冲洗干净并充分润湿,一般润湿时间不宜少于24 h,残留在混凝土表面的积水应清除。

图4-17　基层处理示意图

　　2.安装定位测量及控制

　　(1)弹线:清除预埋件及主筋上的水泥浆、铁锈、污秽。在构件上弹好轴线或中线即安装定位线(见图4-18),注明方向、轴线号及标高线,柱子应四面弹好定位控制线,首层柱子除弹好轴线外还要三面标注±0.00 m水平线。

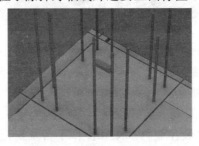

图4-18　预制柱控制线

　　(2)控制楼层安装标高:构件连接锚固的结构部位施工完毕,放好楼层柱网轴位线、标高控制线及构件安装控制线,抹好上下柱子接头部位的叠合层,预埋和找平定位钢板并校准其标高;楼层柱网格轴线应清晰、准确。

（3）预制柱安装施工前，通过激光扫平仪和钢尺检查楼板面平整度，柱四角放置金属垫块使楼层平整度控制在允许偏差范围内，以利于预制柱的垂直度校正，按照设计标高，结合柱子长度，对柱子长度偏差进行复核。

三、吊装作业

（一）施工流程

弹出构件安装控制线→标高找平（高度调节螺栓）→竖向预留钢筋校正→预制柱安装→预制柱垂直度调整固定→检查验收。

（二）吊装作业

1. 吊装挂钩

预制柱单个吊点位于柱顶中央，由生产厂家预留，现场采用单腿锁具吊住预制柱单个吊点；采用一点慢速起吊，确保柱吊升中所受震动最小，逐步移向拟定位置，柱顶栓绑绳，人工辅助柱就位，如图4-19、图4-20所示。

图4-19　吊装挂钩　　　　图4-20　预制柱吊装

2. 柱子就位

（1）吊机起吊下放时应平稳，先对准引导钢筋。

（2）柱的四个面放置镜子，观察一层钢筋是否插入预制构件的套筒内。

（3）查看构件与底基层是否满足20 mm的缝隙要求，如不满足，继续调整,如图 4-21 所示。

图 4-21　安装微调校正

(4)预制柱固定。采用斜支撑对柱子进行三面固定,三面支撑完成后,若预制柱有小距离的偏移,需借助于塔吊或汽车吊及人工摆绳进行调整,确认安装就位后,撤掉吊车吊钩。

(5)用靠尺或者尺杆进行柱垂直度调整,若有少许偏差,通过斜支撑微调等进行调整,如图 4-22 所示。

图 4-22　斜支撑固定及校核

(三)灌浆制备以及施工

灌浆制备及施工培训教材——《套筒灌浆工》(黄河水利出版社 2019 年 3 月出版)。

四、质量控制要点

(1)柱安装前应将安装位置表面清理干净,不得有垃圾。

(2)柱子落位时应缓慢进行,确保钢筋准确地插入预留孔中。钢筋位置不对时应进行调整,严禁切断。

(3)柱子安装时应根据安装方向、预留预埋位置正确安装,确保安装后预留预埋线盒线管等位置准确。

(4)预制柱安装前应校核轴线、标高,以及连接钢筋的数量、规格、位置,吊装时控制好预制柱标高、水平位置,安装完成后对柱体垂直度进行检查调整。

(5)预制柱的临时支撑,应在套筒连接器内的灌浆料强度达到设计要求后拆除;当设计无具体要求时,混凝土或灌浆料应达到设计强度的 75% 以上方可拆除。

(6)灌浆作业要按照 PC 构件灌浆工相关操作要点进行,此处不做详细介绍。

第三节 预制梁装配施工

一、工艺原理及流程

(一)工艺原理

在装配整体式框架结构中,常将预制梁做成矩形或凹形截面,首先在预制厂内做成预制梁,在施工现场将预制楼板搁置在预制梁上,安装就位后,再浇捣上部的混凝土使楼板和梁连接成整体,即成为装配整体式结构中分两次振捣浇筑的叠合梁,如图 4-23 所示。

(二)工艺流程

预制叠合梁的吊装施工流程为:预制梁进场、验收→按图放线(梁搁柱头边线)→梁底支撑系统→预制叠合梁吊装→吊装校正及检查→附加钢筋安装→节点连接→检查验收。

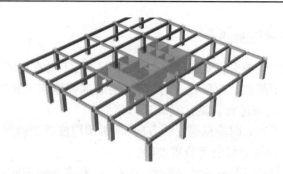

图 4-23　预制叠合梁示意图

二、准备工作

（一）构件进场检验

预制梁的进场检验具体同预制柱进场检验。

（二）工具准备

预制水平构件安装过程标准化工装系统包括水准仪、全站仪、激光水平仪、塔尺、卷尺、钢卷尺、水平尺、钢直尺、塞尺、激光测距仪、墨斗、独立支撑、顶托、支撑头、工字梁（木制、钢制）、撬棍、垫木等。水平构件预制叠合楼板、叠合梁、阳台板标准化工装系统见表 4-3。

预制水平构件（叠合梁）标准化工装应用流程如图 4-24 所示。

（三）技术准备

1. 技术要点

（1）认真编制独立可调节式钢支撑的施工方案和做好施工操作安全、技术交底资料。

（2）在梁端部构件具备施工作业条件时开始搭设，安装钢支柱必须严格按照设计方案放线安装。

（3）吊装前在预制框架柱上弹出预制叠合梁控制边线。

（4）预制叠合梁吊装顺序：先主梁后次梁，并根据钢筋搭接的上下位置关系确定吊装的原则（钢筋在下的构件先吊装）。

表4-3　预制叠合楼板、叠合梁、阳台板标准化工装系统

序号	工序名称	工装图片	工装名称	主要用途
1	独立支撑及木工字梁安装		独立可调支撑	用于支撑预制水平构件,通过调节独立支撑高度,实现构件标高控制
2			顶托	与独立支撑配套使用,用于支撑工字梁,回顶预制叠合楼板、阳台板等水平构件
3			可调顶托	与独立支撑配套使用,用于支撑工字梁,通过调节顶托螺扣,实现构件标高控制
4			支撑头	与独立支撑配套使用,直接与预制梁接触,用于支撑及限位预制梁及预制叠合梁
5			木工字梁	与独立支撑及顶托配套使用,用于支撑预制叠合楼板、阳台板等水平构件
6			铝合金工字梁	与独立支撑及顶托配套使用,用于支撑预制叠合楼板、阳台板等水平构件

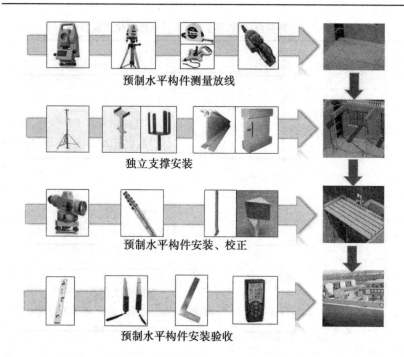

图 4-24　预制水平构件(叠合梁)标准化工装应用流程

2.定位放线

(1)根据引入施工作业区的标高控制点,用水平仪测设出叠合梁安装位置处的水平控制线,水平线宜设置在作业区 1 m 处的外墙板上,同一作业区域内的水平控制线应该重合,根据水平控制线弹出叠合梁梁底的位置线。

(2)根据轴线、外墙板线,将梁端控制线用线锤、靠尺、经纬仪等测量方法引至外墙板上,构件起吊前对照图纸校核构件的尺寸和编号。

三、吊装作业

(一)施工流程

梁底支撑搭设→叠合梁吊运安装→检查验收→预制梁接头连接→检查验收。

(二)吊装作业

1. 梁底支撑搭设

(1)根据构件位置及方案线确定支撑位置及数量,梁底支撑采用钢立杆支撑+可调顶托,可调顶托上铺设长×宽为 100 mm×100 mm 的木方(或工字梁),预制梁的标高通过支撑体系的顶丝来调节,如图 4-25 所示。

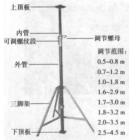 

图 4-25　独立支撑示意图

(2)独立支撑安装就位后,通过调节内、外管之间的相对位置实现标高控制,并通过调节螺母对独立支撑标高进行微调。

2. 叠合梁吊运安装

(1)预制梁起吊时,用双腿索具或吊索钩住扁担梁的吊环,吊索应有足够的长度以保证吊索和梁之间的水平角度≥60°。当用扁担梁吊装梁时,吊索应有足够的长度以保证吊索和扁担梁之间的水平角度≥60°,如图 4-26 所示。

图 4-26　预制梁起吊示意图

（2）当预制梁初步就位后，两侧借助于柱头上的梁定位线和线坠将梁精确校正，在调平的同时将下部可调支撑上紧，这时方可松掉吊钩，如图4-27所示。

吊装　　　　　　　　　　　钢筋对位

PC梁就位　　　　　　　　　PC梁精确就位

图4-27　预制梁吊装示意图

（3）主梁吊装结束后，根据柱上已放出的梁边和梁端控制线，检查主梁上的次梁缺口位置是否正确，如不正确，需做相应处理后方可吊装次梁。梁在吊装过程中要按柱对称吊装。

（4）梁安装完毕后需再次确认支撑与梁底是否接触牢固，如图4-28所示。

（三）预制梁接头连接

叠合梁在连接处设置后浇段，后浇段的长度满足梁下部纵向钢筋连接作业的空间，而梁下部纵向钢筋在后浇段内宜采用机械连接、钢筋套筒连接或焊接连接（如图4-29 ~ 图4-31所示）。

（1）混凝土浇筑前应将预制梁两端键槽内的杂物清理干净，并提前24 h浇水湿润。

图 4-28 预制梁吊装示意图

（2）预制梁两端键槽钢筋绑扎时，应确保钢筋位置的准确。

熔融金属充填套筒接头　　　　栓钉套筒接头

直螺纹套筒接头　　　　　　锥螺纹套筒接头

套筒挤压接头

图 4-29 机械连接示意图

电弧焊　　　　闪光对焊　　　　气压焊　　　　电渣压力焊

图 4-30 焊接连接示意图

四、质量控制要点

（1）楼层上下层钢支柱应在同一中心线上，独立钢支柱水平横纵向应与梁底脚手架承重支撑的水平横纵杆连接。

（2）调节钢支柱的高度应该留出浇筑荷载所形成的变形量，跨度大于4 m时中间的位置要适当起拱。

（3）支架立杆应竖直设置，2 m高度的垂直度允许偏差为15 mm。

（4）当梁支架立杆采用单根立杆时，立杆应设置在梁模板中心线处，其偏心距不应大于15 mm。

图4-31　套筒灌浆接头示意图

（5）梁安装前应对梁底支撑进行检查，看是否安装到位且足够稳固。

（6）梁落位时应缓慢进行，安装时应注意节点位置钢筋，避免碰撞而影响安装质量。

（7）吊装完成后及时复核梁底标高、轴线位置。

第四节　预制结构墙体装配施工

一、工艺原理及流程

（一）预制墙体工艺原理

将住宅常用剪力墙结构的竖向结构构件通过一定的拆分原则拆分成预制墙体和现浇段，预制墙体通过有效的连接形成整体，上下层水平连接通过套筒灌浆、环筋扣合、约束浆锚等方式进行连接，同层墙体竖向连接采用现浇节点后浇混凝土连接成整体。

1. 钢筋套筒灌浆连接

钢筋套筒灌浆连接技术是通过灌浆料的传力作用将钢筋与套筒连接形成整体，如图4-32所示，套筒灌浆连接分为全灌浆套筒连接和半灌浆套筒连接。

（1）半灌浆套筒接头一端采用灌浆方式连接，另一端采用非灌浆方式连接钢筋的灌浆套筒，通常另一端采用螺纹连接，如图4-33所示。

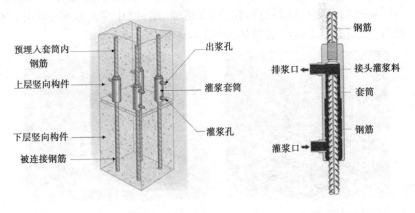

图4-32　钢筋套筒灌浆连接示意图　　图4-33　半灌浆套筒示意图

（2）全灌浆套筒是两端均采用灌浆方式连接钢筋的灌浆套筒，如

图 4-34 所示。全灌浆套筒接头性能达到 JGJ107 规定的最高级——Ⅰ级。目前,可连接 HRB335 和 HRB400 带肋钢筋,连接钢筋直径范围为 12 ~ 40 mm。

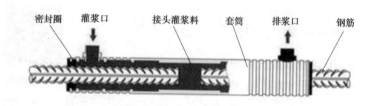

图 4-34　全灌浆套筒示意图

2. 环筋扣合锚接连接

装配式环筋扣合锚接混凝土剪力墙结构主要由预制环形钢筋混凝土内外墙板、环形钢筋混凝土叠合楼板和预制环形钢筋混凝土楼梯等基本构件组成。基础采用现浇方式,预留的环形钢筋与上层墙体环形钢筋交错扣合后穿入水平纵向钢筋,浇筑节点处混凝土。在装配现场,上下层相邻剪力墙连接通过构件上下端头留置的环形钢筋在暗梁区域进行扣合,楼层内相邻剪力墙连接通过构件两侧端头留置的环形钢筋与附加箍筋在暗柱区域进行扣合,在暗梁(暗柱)中穿入水平(竖向)钢筋后,浇筑混凝土连接成整体,如图 4-35 所示。

图 4-35　环筋扣合锚接混凝土剪力墙结构示意图

3．浆锚搭接连接

浆锚搭接连接是一种安全可靠、施工方便、成本相对较低的可保证钢筋之间力的传递的有效连接方式。在预制柱、预制剪力墙内插入预埋专用螺旋棒，在混凝土初凝之后旋转取出，形成预留孔道，下部钢筋插入预留孔道，在孔道外侧钢筋连接范围外侧设置附加螺旋箍筋，

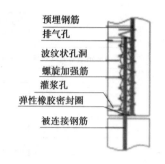

预埋钢筋
排气孔
波纹状孔洞
螺旋加强筋
灌浆孔
弹性橡胶密封圈
被连接钢筋

图 4-36　浆锚搭接连接示意图

下部预留钢筋插入预留孔道，然后在孔道内注入微膨胀高强灌浆料形成的连接方式，如图 4-36 所示。

（二）预制墙体安装作业流程

预制墙体安装作业流程如图 4-37 ~ 图 4-39 所示。以套筒灌浆连接墙体为例。

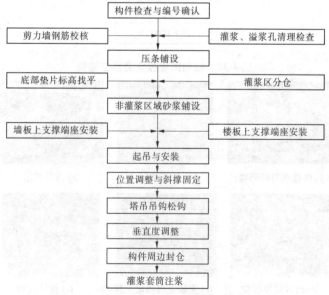

构件检查与编号确认

剪力墙钢筋校核　　　灌浆、溢浆孔清理检查

压条铺设

底部垫片标高找平　　　灌浆区分仓

非灌浆区域砂浆铺设

墙板上支撑端座安装　　　楼板上支撑端座安装

起吊与安装

位置调整与斜撑固定

塔吊吊钩松钩

垂直度调整

构件周边封仓

灌浆套筒注浆

图 4-37　预制夹心保温外墙板安装施工流程

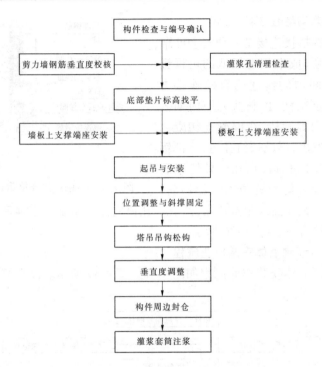

图 4-38 预制内墙板安装施工流程

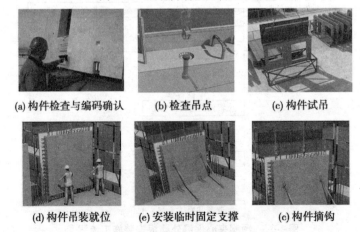

(a) 构件检查与编码确认　　(b) 检查吊点　　(c) 构件试吊

(d) 构件吊装就位　　(e) 安装临时固定支撑　　(c) 构件摘钩

图 4-39 预制墙吊装示意图

二、施工准备

(一)吊装前准备

1.场地要求

清理施工层地面,检查连接钢筋位置、长度、垂直度、表面清洁情况;检查墙板构件编号及外观质量;检查墙板支撑规格型号、辅助材料。

2.定位放线

在楼板上根据图纸及定位轴线放出预制墙体定位边线及 200 mm 控制线,同时在预制墙体吊装前,在预制墙体上放出墙体 500 mm 水平控制线,便于预制墙体安装过程中精确定位,如图 4-40 所示。

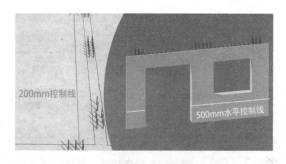

图 4-40　楼板及墙体控制线示意图

3.钢筋校正

构件吊装前,钢筋位置、长度,间距、基层清理等严格验收,确保构件安装准确。使用定位框检查竖向连接钢筋是否偏位。针对偏位钢筋,用钢筋套管进行校正,便于后续预制墙体精确安装,如图 4-41 所示。

4.放线抄平

根据图纸进行放线,将控制轴线、墙体控制线及短线放射完成,使用水准仪和塔尺对板面墙体安装位置进行抄平,根据抄平结果放置标高调整垫片或者装置,每片墙体根据宽度设置 2~4 个抄平点。当墙体安装定位线弹完后,开始垫块位置测量工作,外墙板垫块放置位置为外墙板轴线上,内墙板垫块靠边线放置,同一墙板下 2 组垫块对称错开放

(a) 钢筋位置偏位校正　　　(b) 钢筋位置验收　　　(c) 钢筋伸出长度验收

图 4-41　钢筋校正

置,如图 4-42 所示。当墙板下超过三组垫块时,中间垫块比两边低 1 mm。垫块放置厚度按最少垫块数量搭配,有利于减少误差和节约垫块。

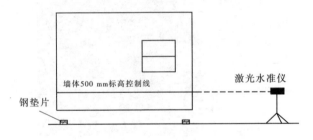

图 4-42　标高控制

(二)相关工具准备

　　吊装前应根据构件吊装需要准备相应的吊装工具、检查工具、安装用工具等墙体吊装用工具。墙体吊装的主要吊装工具有吊装梁、钢丝绳、吊环、吊钩等,应根据不同的吊点选择相适应的吊具。墙体吊装检查工具主要有线坠、靠尺、扫平仪、卷尺等,用于墙体垂直度、平整度、标高检查及位置复核等。为了确保安装准确和提高安装效率,常用安装工具有反光镜、手持电动扳手、梯子等,主要用于墙体安装时底部对孔、斜支撑安装固定、摘钩等,工具详见预制柱吊装。

　　表 4-4 为预制构件起吊所用到的工装。

表4-4 预制构件起吊工装

序号	工序名称	工装名称	工装图片	主要用途
1		球头吊具系统		高强度特种钢制造,适用于各种预制构件,特别是大型的竖向构件吊装,例如预制剪力墙、预制柱、预制梁及其他大跨度构件
2		TPA扁钢吊索具系统		多种吊钉形式可选,适用于厚度较薄的预制构件的吊装,例如薄内墙板、薄楼板
3	起吊	内螺纹套筒吊索系统		多种直径的滚丝螺纹套筒,经济型的吊装系统,适用于吊装重量较轻的预制构件
4		万向吊头/鸭嘴扣		预制构件吊具连接件的一种,用于吊具与构件之间的连接。根据机械连接的设计原理,在吊链或吊绳拉紧时,允许荷载范围内鸭嘴扣可以与预埋件紧紧扣卡,而当吊绳松弛时,扣件可以从构件上轻松拆卸

根据墙体吊点设置、墙体自重、吊装位置、吊距和吊装设备选取相适应的吊装工具进行预制墙体的吊装作业,吊装作业示意见图4-12。

(三)预制墙体构件重点工装使用介绍

在预制墙体构件标准化工装系统中,根据装配工艺的需要,应重点控制钢筋定位框、坐浆料、斜支撑、七字码、灌浆机,并应正确使用工装系统。

1.钢筋定位框

钢筋定位框主要用于校正预制构件预留钢筋,钢筋定位框由钢板、方通焊接及套管焊接而成,如图 4-43 所示。钢筋定位框制作时应根据装配现场实际情况而定,应尽量轻便化,套管直径应选择 $D + 10$ mm(D 为钢筋直径)。

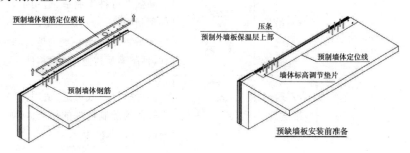

图 4-43　钢筋定位框示意图

2. 坐浆料

预制承重构件与楼板之间采用坐浆料进行封堵(见图 4-44、图 4-45),坐浆料应选择市面上较为成熟的商品砂浆,其坐浆料强度应大于预制承重构件一个等级,且不小于 C30,坐浆料需封堵密实,坐浆料铺设时其厚度不宜大于 20 mm。

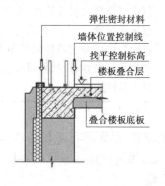

图 4-44　铺设聚苯压条　　　**图 4-45　坐浆区铺设**

3. 斜支撑

临时固定斜撑分为两种,即伸缩式调节支撑、双丝式可调节支撑,如图 4-46、图 4-47 所示。其中伸缩式调节支撑调节范围分别为 0.5 ~

0.8 m、0.7~1.2 m、1.6~2.9 m、1.7~3.0 m、1.8~3.2 m、2.0~3.5 m,一般适用于装配式剪力墙结构,双丝式可调节斜支撑调节范围分别为0.9~1.5 m、2.1~2.7 m,一般适用于装配式框架结构,斜杆材质为Q235,外管直径60 mm,内管直径48 mm,斜杆支撑时角度45°~55°,可周转300次左右。

图4-46 伸缩式调节支撑示意图　　图4-47 双丝式可调节支撑示意图

4.七字码

七字码主要用于调节预制承重构件水平位移,七字码由钢板及螺母焊接而成,装配现场使用时与螺栓配套使用,通过调节螺栓与七字码相对位置实现预制承重构件水平位移,如图4-48所示。

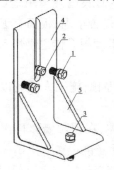 

图4-48 七字码安装示意图

三、吊装作业

(1)预制墙板吊装前,操作人员应熟悉施工图纸,按照吊装流程核对构件编号,确认安装位置,并标注吊装顺序。严格按照吊装安全方案进行吊装,必要的情况下应进行试吊,如图4-49所示。

(a) 挂钩　　　　(b) 外墙缓缓起吊至0.5 m高进行试吊

图4-49　构件起吊

(2)预制墙体要求使用吊装钢梁进行吊装,不同型号预制墙体需与钢梁吊点一一对应。用锁扣将钢丝绳与预制墙体上端的预埋吊环相连接,吊索水平夹角不应小于45°。注意起吊过程中,信号和塔司相互配合,避免预制墙体堆放架发生碰撞,避免构件破损或者发生安全事故。

(3)用塔吊缓缓将外墙板吊起,待墙体的底边升至距地面50 cm时略作停顿,再次检查吊挂是否牢固、吊挂是否牢固、板面有无污染破损,若有问题必须立即处理。确认无误后,继续提升使之慢慢靠近安装作业面。

(4)在距离作业面上方2 m左右略作停顿,施工人员可以通过引导绳,控制墙板下落方向,如图4-50所示。

(5)如果采用的是套筒灌浆连接的墙体,在预制墙体再次缓慢下降时,待到距预埋钢筋顶部2 cm处,利用反光镜观察下层墙体套筒钢筋与本层预制墙体套筒位置,并进行微调,套筒位置与底面预埋钢筋位置对准后,将墙板缓缓下降,使之平稳就位,如图4-51所示。

(6)采用环筋扣合连接方式连接的墙体,在预制墙体再次缓慢下降时,待到距预埋定位锥20 mm处,利用反光镜观察下层墙体定位锥与本层预制墙体预留锥孔的位置,对准后缓慢下落,在落至距下层墙体上部环形钢筋20 mm处,检查下层墙体上部环形钢筋和本层墙体底部

图 4-50 墙体引导绳

(a) 构件引导安装

(b) 钢筋对孔

图 4-51 套筒灌浆体系钢筋定位安装示意图

环形钢筋有无碰撞,对有碰撞的进行微调,确保墙体平稳就位,如图 4-52 所示。

(7)外墙板临时固定:采用可调节斜支撑螺杆将墙板固定。先将支撑托板安装在预制墙板上,吊装完成后将斜支撑螺杆拉结在墙板和楼面的预埋铁件上。预制墙体构件安装采用临时支撑应符合下列规定:

①每个预制构件的临时支撑不应少于 2 道,如图 4-53 所示。

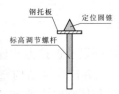

图 4-52 环筋扣合体系上下层构件环筋就位

②对预制墙体的上部斜支撑,其支撑点距离板底的距离不宜小于板高的 2/3,且不应小于板高的 1/2。

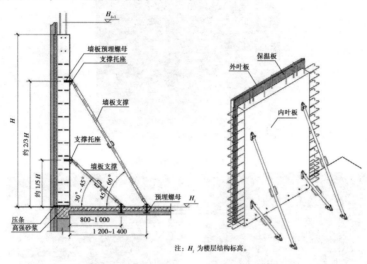

注:H_i 为楼层结构标高。

图 4-53　墙体临时支撑示意图

③套管灌浆体系临时支撑拆除:灌浆材料充填操作结束后 12 h 内不得施加有害的振动、冲击等,对横向构件连接部位的混凝土的浇筑也应在 i d 后进行。灌浆料抗压强度达到设计强度要求后方可拆除临时固定措施。

④环筋扣合体系临时支撑拆除:水平节点混凝土浇筑完成后在强度达到要求强度前不得施加有害的振动、冲击等,在现浇节点混凝土强度达到设计强度要求后方可拆除临时固定措施。

(8)通过靠尺核准墙体垂直度,调节斜支撑使墙体定位准确,最后紧固斜支撑,如图 4-54 所示。

四、质量控制要点

(1)预制构件安装顺序以及连接方式应保证施工过程中结构构件具有足够的承载力和刚度,并应保证结构整体的稳固性。

(2)预制构件安装过程用临时支撑和拉结应具有足够的承载力和

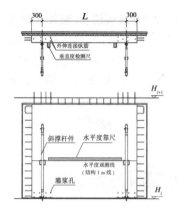

图4-54 墙体垂直度校核示意图

刚度;其拆除应在装配式混凝土剪力墙结构能够达到后续施工承载力要求后进行。

(3)墙安装前应将结合面清理干净,不得有垃圾。

(4)墙体落位时应缓慢进行,确保钢筋准确地插入预留孔中。钢筋位置不对时应进行调整,严禁切断。

(5)墙体安装时应根据安装方向、预留预埋位置正确安装,确保安装后预留预埋线盒、线管等位置准确。

(6)吊装时控制好墙体标高、水平位置,安装完成后对墙体垂直度进行检查调整。

(7)安装完成的预制构件应有成品防护措施,防止后续施工造成破坏或者污染。

第五节 预制楼板装配施工

一、叠合楼板工艺原理及施工流程

(一)叠合楼板工艺原理

叠合楼板是由预制板和现浇钢筋混凝土层叠合而

成的装配整体式楼板。预制钢筋桁架叠合楼板是当前普遍使用的预制楼板,可根据结构设计设置为单向板和双向板。通常,叠合楼板预制部分厚度不小于 6 cm,现浇部分厚度不小于 7 cm,在完成墙体安装后支设叠合楼板支撑,调整好架体标高,直接将叠合楼板放置于叠合楼板支撑上,安装好的叠合楼板可以作为现浇层的模板,叠合楼板安装完成后在叠合楼板上绑扎楼板钢筋、埋设管线,将楼板现浇混凝土同现浇梁及柱混凝土一起浇筑成整体,如图 4-55 所示。

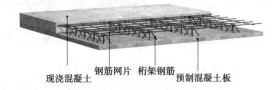

现浇混凝土　钢筋网片　桁架钢筋　预制混凝土板

图 4-55　叠合楼板示意图

(二)预制叠合楼板吊装施工流程

预制叠合楼板吊装施工流程如图 4-56、图 4-57 所示。

二、施工准备

(一)叠合楼板进场验收

(1)确认吊装构件是否按计划要求进场,验收、堆放位置和吊装位置是否正确合理。

(2)进场验收主要检查资料及外观质量,防止在运输过程中发生损坏。

(3)叠合楼板堆放场地应夯实平整,并应防止地面不均匀下沉。叠合楼板应按照不同型号、规格分类堆放。钢筋桁架板应采用桁架板钢筋朝上叠放的堆放方式,严禁倒置,各层板下部应设置垫木,垫木应上下对齐,不得脱空。堆放层数不应大于 6 层,并应有稳固措施。

(二)吊装前的准备

(1)根据安装方案确认叠合楼板的吊装顺序,并核对构件编号。

(2)检查吊索具,做到班前专人检查和记录当日的工作情况。高空作业用工具必须增加防坠落措施,严防安全事故的发生。

施工准备

↓

测量、放线

↓

叠合楼板底板支撑布置

↓

底板支撑梁安装

↓

底板位置标高调整、检查

↓

吊装预制叠合楼板底板

↓

调整支撑高度，校核板底标高

↓

现浇板带模块安装，墙板结合部位模板安装

↓

管线铺设

↓

现浇叠合层钢筋绑扎

↓

浇筑叠合层混凝土

图 4-56　预制叠合楼板吊装施工流程

（3）放线抄平：先对靠近预制外墙侧的叠合楼板进行吊装，在进行叠合楼板吊装之前，在下层板面上进行测量放线，弹出尺寸定位线。叠合楼板的吊装根据设计要求，需与甩筋两侧预制墙体、现浇剪力墙、现浇梁或叠合梁相互搭接 10 mm，需在以上结构上方或下层板面上弹出水平定位线。

（4）叠合楼板吊装前，根据平面布置图及支撑方案对叠合楼板支撑安放位置进行放线定位，独立支撑安放时要严格按照方案布置，避免在吊装后及后续工序中出现叠合楼板变形和裂缝，如图 4-58、图 4-59所示。

（三）吊装工具准备

叠合楼板吊装前应根据吊点设置情况准备相应的吊装工具、检查工具、安装用工具等。叠合楼板吊装主要吊装工具有吊装平衡架、钢丝绳、吊环、吊钩等，叠合楼板吊装通常采用桁架钢筋或预埋钢筋吊环作

图 4-57 预制叠合楼板吊装施工流程示意图

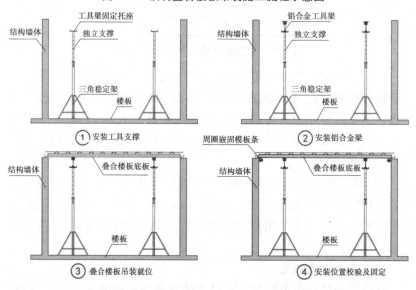

图 4-58 叠合楼板常用的工具式独立支撑体系

为吊装用吊点。叠合楼板吊装检查工具主要有线坠、扫平仪、卷尺等

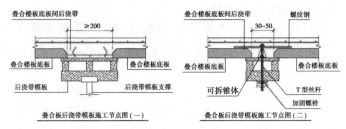

图 4-59 叠合楼板后浇带模板施工节点

（具体见叠合梁吊装工装），用于叠合板标高控制、位置复核等检查。为了确保安装准确和提高安装效率，常用安装工具有撬棍、梯子等，主要用于叠合楼板安装时位置微调、标高检查等。

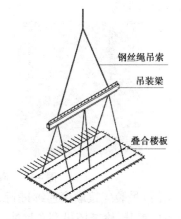

预制叠合楼板的吊点应合理设置，通常采用桁架钢筋4～8点起吊，吊装宜采用框架横担梁进行，起吊就位应垂直平稳，多点起吊时吊索与板水平面所成夹角不宜小于60°，不应小于45°，如图4-60所示。

图 4-60 叠合楼板吊装示意图

三、叠合楼板吊装就位

（1）在吊装完成的梁或墙上测量并弹出相应预制板四周控制线，并在构件上标明每个构件所属的吊装顺序，便于吊装时进行辨认。

（2）在预制楼板下面设置临时可调节支撑杆，预制楼板的支撑设置应符合以下要求：

①支撑架体应具有足够的承载能力、刚度和稳定性，应能可靠地承受混凝土构件的自重和施工过程中所产生的荷载及风荷载，支撑立杆下方应铺50 mm厚木板。

②确保支撑系统的间距及距离墙、柱、梁边的净距符合系统验算要

求,上下层支撑应在同一直线上。

（3）在可调节顶撑上架设木方、方钢管或铝合金梁等作为支撑横梁,调节支撑横梁顶面至板底设计标高,开始吊装预制楼板,如图4-61所示。

（4）由于叠合楼板较薄,在运输、存放、吊装过程中比较容易出现裂缝,所以在吊装中采用专用吊装平衡架,并保证吊装平衡架吊装点与叠合楼板吊装点对号入位,使吊绳与叠合楼板吊点位置垂直,确保叠合楼板受力平衡。

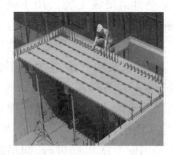

图 4-61　预制叠合楼板吊装

（5）吊装应按顺序连续进行,起吊时要先试吊,先吊起距地 50 cm处停止起升,检查塔吊刹车性能,钢丝绳、吊钩的受力情况,使叠合楼板保持水平,然后缓慢起升至作业层上空。

（6）就位时叠合楼板要从上垂直向下安装,在吊至作业面上方 20 cm 后,吊装人员调整板位置使锚固筋与梁箍筋错开便于就位,根据楼板安装方向标识调整楼板方向,保证板边线基本与控制线吻合。将预制楼板坐落在支撑横梁顶面,及时检查板底与预制叠合梁或剪力墙的接缝是否到位,预制楼板钢筋伸入墙长度是否符合要求,直至吊装完成,如图 4-62 所示。

安装叠合楼板时,其搁置长度应满足设计要求。钢筋桁架板梁或墙间宜设置不大于 20 mm 坐浆或垫片。叠合楼板落位时要求停稳慢放,严禁猛放,以避免冲击力过大造成板面震折裂缝。

（7）当一跨板吊装结束后,要根据板四周边线及墙柱上弹出的标高控制线对板标高及位置进行精确调整,误差控制在 2 mm 以内。

图 4-62 某项目叠合楼板吊装

四、预制叠合楼板安装质量控制

（1）预制叠合楼板安装应根据安装方向、预留预埋等进行，确保安装后水电等预埋管（孔）位置准确。

（2）应调整叠合楼板锚固钢筋与梁钢筋位置，不得随意弯折或切断钢筋。

（3）钢筋绑扎时穿入叠合楼板上的桁架，钢筋上铁的弯钩朝向要严格控制，不得平躺。

（4）叠合楼板毛面在浇筑混凝土前清理湿润，不得有油污等污染。

（5）房间进深方向叠合楼板间距控制：以平面位置线为基准，在已固定好的墙柱类构件上画出叠合楼板房间进深方向的位置线，利用位置线控制叠合楼板位置与间距。

（6）房间开间、进深方向叠合楼板入墙位置控制：在安装好的墙柱上弹出入墙位置线，通过入墙位置线控制叠合楼板入墙位置。

（7）叠合楼板标高控制：利用建筑 1 m 控制线，通过可调节独立支撑体系及支撑横梁调整控制叠合楼板标高。

（8）在叠合楼板叠合层混凝土强度达到设计要求时，方可拆除底模及支撑。拆除模板时，不应对楼层形成冲击荷载。拆除的模板和支架宜分散堆放并及时清运。多个楼层间连续支模的底层支架拆除时间，应根据连续支模的楼层间荷载分配和混凝土强度的增长情况确定。

第六节　预制阳台板、空调板装配施工

一、工艺原理及流程

（一）工艺原理

阳台板、空调板作为标准化或通用化的建筑部品体系（见图4-63），可组织专业化大批量生产，既便于控制产品质量，缩短生产周期，又便于装配、维修，大大减少了现场支模作业和建筑垃圾。

图4-63　预制阳台板、空调板

（二）工艺流程

预制阳台板和空调板安装施工工艺流程见图4-64。

二、准备工作

（一）进场验收

（1）进入现场的预制阳台板、空调板构件应具有出厂合格证及相关质量证明文件，产品质量应符合设计及相关技术标准要求。

（2）应在明显部位标明生产单位、项目名称、构件型号、生产日期及质量合格标志。

（3）几何尺寸、钢材及混凝土等材料，外观观感、钢筋外伸长度、安装配件的预留位置和吊点位置的有效性。

（4）水洗面、键槽留设是否符合规范与设计要求。

（二）预制阳台板、空调板吊点位置及吊具吊索的使用

预制阳台板吊装宜使用专用型框式吊装梁，用卸扣将钢丝绳与预

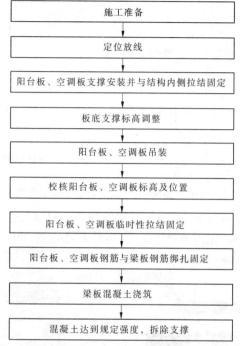

图 4-64 预制阳台板和空调板安装施工工艺流程

制构件上的预埋吊环连接,空调板采用四点装,主要使用的工具为吊装架、钢丝绳、鸭嘴扣、U 形卸扣等,如图 4-65 所示。

（三）技术准备

1. 方案准备

（1）加强设计图、施工图和预制阳台板、空调板构件加工图的结合,比较各图纸的相符性,确保工厂制作和设计、现场施工的吻合。

（2）对预制阳台板、空调板现场装配方案进行策划,确保设计意图与现场实施相符合,避免返工现象发生。

（3）根据预制阳台板、空调板的连接方式,进行连接钢筋定位、安装工艺培训,规范操作顺序,增强施工人员的质量意识及操作技能水平。

2. 弹线定位

预制阳台板、悬挑板定位,悬挑板定位采用四点、一平、一尺法,四

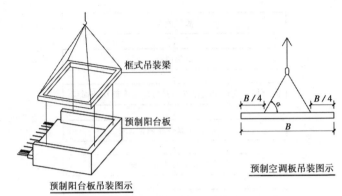

图 4-65 预制阳台板、空调板吊装示意图

点即墙面两点,构件两点;一平即构件找平;一尺即构件外伸长度安装时采用斜面安装,先落地对正一端,再对正另一端,如图 4-66 所示。

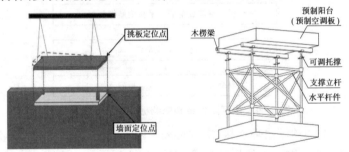

图 4-66 阳台板安装定位示意图

3. 架体搭设

阳台板、空调板底部支撑采用钢管脚手架 + 可调顶托 + 可调顶托内铺放 100 mm×100 mm(长×宽)木方,板吊装线应检查是否有可调支撑高处设计标高,校对预制梁和隔板之间的尺寸是否有偏差,并做相应调整。架体首层搭设应与结构层连接稳固,如图 4-67 所示。

三、吊装作业

(1)预制阳台板安装前,测量人员根据阳台板宽度,放出竖向支撑定位线(支撑定位线允许误差为 ±10 mm),

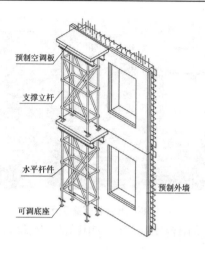

预制空调板

支撑立杆

水平杆件

可调底座

预制外墙

图 4-67　空调板支撑架布设示意图

并安装支撑,同时在预制叠合板上,放出阳台板控制线(阳台控制线允许误差为 ± 10 mm)。

(2)当预制阳台板吊装至作业面上空 500 mm 时,减缓降落,由专业操作工人稳住预制阳台板,根据叠合楼板上控制线,引导预制阳台板降落至支撑上,根据预制墙体上水平控制线及预制叠合楼板上的控制线,校核预制阳台板水平位置及竖向标高情况,通过调节竖向支撑,确保预制阳台板满足设计标高要求,允许误差为 ± 5 mm。

(3)预制构件吊至设计位置上方 30 ~ 60 mm 后,调整位置使锚固筋与已完成结构预留筋错开,便于就位,构件边线基本与控制线吻合。

(4)通过撬棍或拉紧器(撬棍配合垫木使用,避免损坏板边角)调节预制阳台板水平位移,确保预制阳台板满足设计图纸水平分布要求,允许误差为 5 mm,叠合板与阳台板平整度误差为 ± 5 mm,如图 4-68 所示。

(5)待预制阳台板定位完成后,将阳台板钢筋与叠合楼板钢筋焊接固定(需满足单面焊 10d 或双面焊 5d),预制构件固定完成后,摘除吊钩。

(6)预制阳台板内缘应与结构层墙体重合,外墙的保温层应比结

图 4-68　阳台装配施工示意图

构层低 1～2 cm,待阳台安装就位后用弹性防水材料进行封堵。

四、质量控制要点

(1)预制阳台板、空调板吊装时,板底应采取临时支撑措施,支撑满足作业荷载要求。

(2)预制阳台板、空调板与现浇结构连接时,预留锚固钢筋应伸入现浇结构部分,并应与现浇结构连成整体。

(3)临时固定措施的拆除应在装配式结构性能达到后续施工承载要求后进行。

(4)预制空调板采用插入式吊装方式时,连接位置应设预埋连接件,并应与预制外挂板的预埋连接件连接,空调板与外挂板交接的四周防水槽口应嵌填防水密封胶。

第七节　预制楼梯装配施工

一、工艺原理及流程

(一)工艺原理

预制楼梯是最能体现装配式建筑优势的 PC 构件。在工厂,预制楼梯远比现浇方便、安全、节约。楼梯有不带平台板的直板式楼梯和带平台板的折板式楼梯。直板式楼梯有双跑楼梯和剪刀楼梯。

预制剪刀楼梯每一层为2个楼梯,型号完全相同,按安装位置的不同,拆分为两段。各段楼梯两端均分别预留有2个销键预留洞,预制楼梯端部通过销键与梯梁相连,如图4-69所示。楼梯两端部与现浇梁的连接方式为上端固定铰支座连接、下端滑动铰支座连接。固定铰支座处预留洞采用后灌注高强灌浆料,上部用砂浆填充抹平;滑动铰支座处预留洞保留空腔,用垫片拧入钢筋后,上端用砂浆填充抹平。

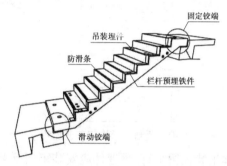

图4-69　预制剪刀楼梯示意图

(二)工艺流程

预制楼梯施工工艺流程如图4-70所示,在完成下层预制楼梯吊装及现浇节点浇筑后,再随主体结构层向上安装上一层装配式楼梯。

二、准备工作

(一)构件进场检验

(1)驻预制厂工作人员应当在工厂做好质量把关工作,主要把关内容是预制楼梯的几何尺寸、钢材及混凝土等材料的质量检验过程,以及楼梯外观观感与安装配件的预留位置和预埋套筒的有效性。

(2)进入现场的预制楼梯应具有出厂合格证及相关质量证明文件,产品质量应符合设计及相关技术标准要求。

(3)预制楼梯应在明显部位标明生产单位、项目名称、构件型号、生产日期及质量合格标志。

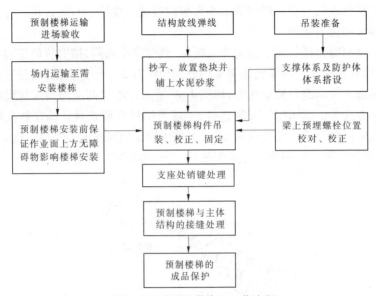

图 4-70　预制楼梯施工工艺流程

（4）预制楼梯吊装预留吊钉、预埋件应安装牢固及无松动。

（5）预制楼梯的预埋件及预留孔洞等规格、位置和数量应符合设计要求。

（6）预制楼梯的外观质量不应有严重缺陷。对出现的一般缺陷，应按技术处理方案进行处理，并重新检查验收。

（7）预制混凝土楼梯尺寸允许偏差及检验方法应符合表4-5的相关规定。

检查中心线位置时，应沿纵、横两个方向量测，并取其中较大值。

（二）工具准备

预制混凝土板式楼梯支座处为销键连接，上端支座为固定铰支座，下端支撑处为滑动支座。预制楼梯安装标准化工装系统包括经纬仪、水准仪、塔尺、墨斗、卷尺、撬棍、钢垫片、找平砂浆、高强螺栓、聚苯板、CGM灌浆料、手动注浆枪，其中水准仪、塔尺、墨斗、卷尺、撬棍、垫木等标准化工装见表4-6。

表4-5　预制混凝土楼梯尺寸允许偏差及检验方法

项目		允许偏差(mm)	检验方法
长度		±3	钢尺或测距仪检查
侧向弯曲		$L/1\ 000$ 且≤5	拉线、钢尺或测距仪量最大侧向弯曲处
宽度、高(厚)度		±3	钢尺或测距仪量一端及中部,取其中较大值
预埋螺母	中心位置	3	钢尺或测距仪检查
	螺母外露长度	0,−3	钢尺或测距仪检查
预埋件	中心位置	3	钢尺或测距仪检查
	安装平整度	3	靠尺和塞尺检查
对角线差		5	钢尺或测距仪测量两个对角线
表面平整度		3	2 m靠尺和塞尺检查
翘曲		$L/1\ 000$	调平尺在两端量测
相邻踏步高低差		3	钢尺或测距仪检查

注:L 为构件长度,mm。

预制楼梯标准化工装应用流程见图4-71。

(三)技术准备

(1)对预制楼梯现场装配方案进行策划,确保设计意图与现场实施相符合,避免返工。

(2)做好多专业工种施工劳动力组织,选择和培训熟练技术工人,按照各工种的特点和要点,特别是对预制楼梯吊装工人和安装工人的培训,加强安排与落实。

(3)根据预制楼梯构件的连接方式,进行连接钢筋定位、安装工艺培训,规范操作顺序,增强施工人员的质量意识及操作技能水平。

(4)预制楼梯吊装前应根据构件类型准备吊具。楼梯在构件生产过程中留置内吊装杆,采用专用吊钩与吊装绳连接。楼梯吊装如图4-72所示。

表 4-6　　预制楼梯标准化工装系统

序号	工序名称	工装名称	工装图片	主要用途
1	楼梯吊装	手拉葫芦		一种使用简易、携带方便的手动起重机械，调节楼梯安装平整度
2	安装钢垫片及铺设砂浆	钢板垫片		用于控制预制楼梯标高
3		高强螺栓		用于临时固定预制楼梯
4	预制楼梯灌浆	手动注浆枪		用于给预制楼梯注灌浆料
5		CGM 灌浆料		用于填充预制楼梯上端支座键槽
6		聚苯板		用于填充预制楼梯与结构之间的缝隙

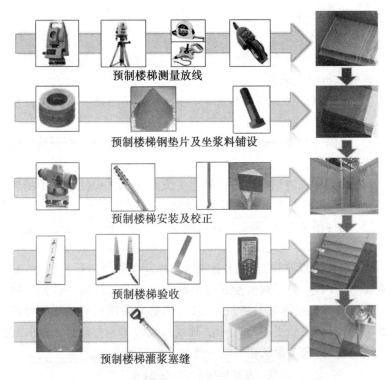

预制楼梯测量放线

预制楼梯钢垫片及坐浆料铺设

预制楼梯安装及校正

预制楼梯验收

预制楼梯灌浆塞缝

图 4-71　预制楼梯标准化工装应用流程

(a) 吊点及吊环　　　　　　(b) 吊装系统

图 4-72　楼梯吊装

（四）场地准备

1. 场地验收

（1）对进场检验合格的构件进行尺寸复核,作业面上方的所有障碍物需提前拆除或清理。

（2）对预制楼梯两端的楼梯梁,需要在梁底部至少设置 4 根竖向杆回顶,竖向杆之间距离均匀布置。

（3）在需安装预制楼梯的楼层对现浇梁上预埋螺栓或钢筋的位置进行检查并校正。

（4）预制楼梯进场存放后根据施工流水计划在构件上标出吊装顺序号,标注顺序号与图纸标注及现场楼栋施工计划一致。

（5）构件吊装之前,需要将连接面清理干净,便于吊装及安装。

2. 安装定位测量及控制

（1）定位测量控制:预制装配式结构,定位测量与标高控制,是一项重要施工内容,关系到装配式建筑物定位、安装、标高的控制。楼梯间周边梁板叠合层混凝土浇筑完工后,测量并弹出相应楼梯构件端部和侧边的控制线,如图 4-73 所示。轴线放线偏差不得超过 2 mm,放线有连续偏差时,应考虑从建筑物一条轴线向两侧调整。

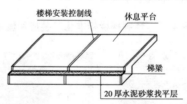

图 4-73　楼梯控制线

（2）高程利用水准仪进行控制。水准仪根据主体结构控制标高确定楼梯支座处标高,并按测量结果在现浇梁相应位置固定放置好垫片。

三、吊装作业

（一）施工流程

预制楼梯整体吊装施工流程为:挂钩、检查构件水平→安装、就位→调整固定→取钩,如图 4-74 所示。

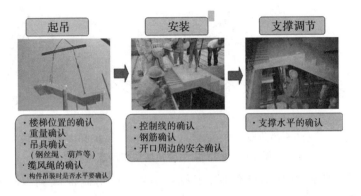

图 4-74　预制楼梯吊装流程示意图

(二)构件吊装

(1)控制线复核。根据施工图纸,弹出楼梯安装控制线,对控制线及标高进行复核。

(2)基层处理。根据测出的标高,先在梯梁上放置垫块,再在楼梯段上下口梯梁处铺 1∶1 强度等级 M15 水泥砂浆坐浆找平,没过垫块顶部为止,找平层灰饼标高要控制准确,如图 4-75 所示。

(3)构件起吊。预制梯段板采用水平吊装,用专用吊环与梯段板预埋吊钉连接,确认牢固后方可继续缓慢起吊,在梯段板两端悬挂牵引绳,由辅助人员牵引以保证平稳吊装,避免碰撞。待塔吊将梯段板吊至作业面上方适当位置后,改变手拉葫芦钢铰链长度使梯段板调整至设计角度,缓慢就位,同时

图 4-75　基层砂浆处理

根据控制线利用撬棍微调、校正。整个吊装过程中,钢绞线最大扩张角不得超过 120°。梯段板吊装角度调整如图 4-76 所示。

(4)构件安装。预制楼梯板起吊至作业面上 500 mm 处略作停顿,根据楼梯板方向调整,就位时要求缓慢操作,严禁快速猛放,以免造成楼梯板及托梁、支撑架等震折损坏,如图 4-77 所示。

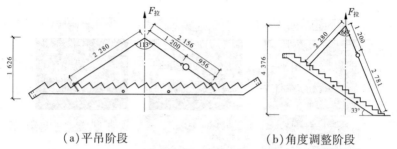

（a）平吊阶段　　　　　　　（b）角度调整阶段

图 4-76　梯段板吊装角度调整示意图

（5）楼梯板基本就位后，根据控制线，利用撬棍微调、校正，如图 4-78 所示。

图 4-77　构件安装　　　　图 4-78　楼梯安装位置复核示意图

（三）预制楼梯销键及接缝处理

预制楼梯与支撑件连接有 3 种方式：一端固定铰支点一端滑动铰支点的简支方式、一端固定支座一端滑动支座的方式和两端都是固定支座的方式。

（1）构件安装就位后须由项目部质检员会同监理工程师验收预制构件的安装精度，经验收签字通过后方可对后浇销键及接缝处进行处理。

（2）清理干净销键内部，保证销键内部无杂物，做好灌浆前的准备。

（3）灌浆前按灌浆料说明书要求，配置相应配合比高强灌浆料，此为 C40 级 CGM 灌浆料。

（4）采用倾倒的方式缓慢注入高强灌浆料于销键中，保证灌浆料在销键中密实。

（5）对固定支座处销键，用灌浆料填充预留洞，至距楼梯平台顶部约 5 cm 处，拧入垫片，上部用 1∶1 强度等级 M15 水泥砂浆封堵并抹平，保证与楼梯踏步相平；对滑动支座处销键，预留洞下部保留空腔，上部用垫片旋入钢筋，盖住后上部用水泥砂浆填充并抹平，保证与楼梯踏步相平。

（6）装配式楼梯与主体结构接缝处理：采用聚苯填充至距楼梯平台顶部约 5 cm 处，塞入 PE 棒，顶部注胶至与楼梯平台顶部相平。图 4-79 为预制楼梯固定铰支座与滑动铰支座安装节点处理大样。

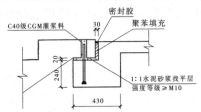

(a)上端固定点铰支座节点

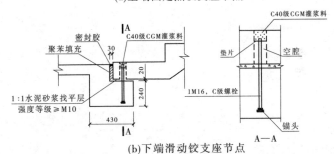

(b)下端滑动铰支座节点

图 4-79　预制楼梯固定铰支座及滑动铰支座节点处理大样

（四）成品保护

预制楼梯安装完成后，为了避免施工人员上下楼梯，以及后续二次结构及精装施工对预制楼梯表面及转角位置造成破坏，可采取包、裹、盖、遮等有效措施对预制楼梯进行成品保护，防止构件被撞击损伤和污染。

四、质量控制要点

(1)楼梯段安装位置的梁板施工面应清理干净,坐浆厚度要大于垫片高度。

(2)采用吊装梁设置长短钢丝绳保证楼梯起吊呈正常使用状态,吊装梁呈水平状态,楼梯吊装钢丝绳与吊装梁垂直。

(3)采用水平吊装时,应使踏步平面呈水平状态,便于就位。

(4)楼梯就位后用撬棍微调楼梯直到位置正确,搁置平实,标高确认无误,校正后再脱钩。

(5)在楼梯销件预埋孔封闭前对楼梯段板进行验收。

第五章　构件连接施工

预制构件的连接种类主要有钢筋套筒灌浆连接、直螺纹套筒连接、浆锚搭接连接、牛担板连接以及螺栓连接。

第一节　钢筋套筒灌浆连接

套筒灌浆连接技术是通过灌浆料的传力作用将钢筋与套筒连接形成整体,套筒灌浆连接分为全灌浆套筒连接和半灌浆套筒连接,套筒设计符合《钢筋连接用灌浆套筒》(JG/T 398—2012)要求,接头性能达到JGJ 107 规定最高级——Ⅰ级。

一、半灌浆套筒连接技术

半灌浆套筒接头一端采用灌浆方式连接,另一端采用非灌浆方式连接钢筋的灌浆套筒,通常另一端采用螺纹连接,如图 5-1 所示。

灌浆套筒连接可连接 HRB335 和 HRB400 带肋钢筋,连接钢筋直径范围为 12~40 mm,机械连接段的钢筋丝头加工、连接安装、质量检查应符合现行行业标准《钢筋机械连接技术规范》(JGJ 107—2010)的有关规定。半灌浆连接的优点如下:

(1)外径小,对剪力墙、柱都适用。

(2)与全灌浆套筒相比,半灌浆套筒长度能显著缩短(约 1/3),现场灌浆工作量减半,灌浆高度降低,能降低对构件接缝处密封的难度。

(3)工厂预制时钢套筒与钢筋的安装固定比全灌浆套筒相对容易。

灌浆套筒和外露钢筋的允许偏差和检查方法见表 5-1。

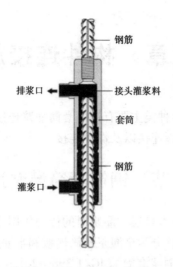

图 5-1 半灌浆套筒示意图

表 5-1 灌浆套筒和外露钢筋的允许偏差和检查方法

项目		允许偏差（mm）	检查方法
灌浆套筒中心位置		+2,0	
外露钢筋	中心位置	+2,0	尺量
	外露长度	+10,0	

二、全灌浆套筒连接技术

全灌浆套筒连接是两端均采用灌浆方式连接钢筋的灌浆套筒（见图 5-2）。全灌浆套筒连接接头性能达到 JGJ 107 规定的最高级—Ⅰ级。目前，可连接 HRB335 和 HRB400 带肋钢筋，连接钢筋直径范围为 12 ~ 40 mm。

全灌浆套筒在构件厂内与钢筋连接时，钢筋应与套筒逐根插入，插入深度应满足设计及规范要求，钢筋与全灌浆套筒通过橡胶塞进行临时固定，避免混凝土浇筑、振捣时套筒和连接钢筋移位，同时防止混凝土向灌浆套筒内漏浆。

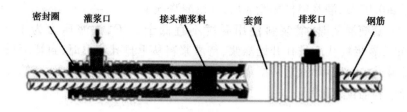

图5-2 全灌浆套筒示意图

三、套筒灌浆施工

预制竖向承重构件采用套筒灌浆连接方式,所采取的灌浆工艺基本为:构件接触面凿毛→分仓/坐浆→安装钢垫片→吊装预制构件→灌浆作业。

(1)预制构件接触面现浇层应进行凿毛或拉毛处理,其粗糙面不应小于4 mm,预制构件自身接触粗糙面应控制在6 mm左右。

(2)分仓法:竖向预制构件安装前宜采用分仓法灌浆,分仓应采用坐浆料或封浆海绵条进行,分仓长度不应大于1.5 m,分仓时应确保密闭空腔,不应漏浆。

坐浆法:竖向预制构件安装前可采用坐浆法灌浆。坐浆法是采用坐浆料将构件与楼板之间的缝隙填充密实,然后对预制竖向构件进行逐一灌浆,坐浆料强度应大于预制墙体混凝土强度。

(3)安装钢垫片:预制竖向构件与楼板之间通过钢垫片调节预制构件竖向标高,钢垫片一般选择50 mm×50 mm,厚度为1 mm、2 mm、3 mm、5 mm、10 mm,用于调节构件标高。

(4)预制构件吊装(见本书构件吊装内容)。

(5)灌浆:套筒灌浆连接应采用由接头型式检验确定相匹配的灌浆套筒、灌浆料。套筒灌浆前应确保底部坐浆料达到设计强度(一般为24 h),避免套筒压力注浆时出现漏浆现象,灌浆料初始流动性需满足≥300 mm、30 min流动性需满足≥260 mm,同时,每个班组施工时留置1组试件,每组试件3个试块,分别用于1 d、3 d、28 d抗压强度试验,试块规格为40 mm×40 mm×160 mm,灌浆料3 h竖向膨胀率需满足≥0.02%,灌浆料检测完成后,开始灌浆施工。

　　套筒灌浆时,灌浆料使用温度不宜低于 5 ℃,灌浆压力为 1.2 MPa,灌浆料从下排孔开始灌浆,待灌浆料从上排孔流出时,封堵上排流浆孔,直至封堵最后一个灌浆孔后,持压 30 s,确保灌浆质量,套筒及灌浆料需配套使用。

第二节　直螺纹套筒连接

一、材料准备

　　(1)钢套筒应具有出厂合格证。套筒的力学性能必须符合规定。表面不得有裂纹、折叠等缺陷。套筒在运输、储存中,应按不同规格分别堆放,不得露天堆放,防止锈蚀和沾污。

　　(2)钢筋必须符合国家标准设计要求,还应有产品合格证、出厂检验报告和进场复验报告。

二、施工机具

　　施工机具有钢筋直螺纹剥肋滚丝机、力矩扳手、牙型规、卡规、直螺纹塞规。

三、注意事项

　　(1)钢筋先调直再下料,切口端面与钢筋轴线垂直,不得有马蹄形或挠曲,不得用气割下料。

　　(2)钢筋下料及螺纹加工时需符合相关规定。

　　(3)设置在同一个构件内的同一截面受力钢筋的位置应相互错开。在同一截面接头百分率不应超过50%。

　　(4)钢筋接头端部距钢筋受弯点不得小于钢筋直径的 10 倍长度 。

　　(5)钢筋连接套筒的混凝土保护层厚度应满足现行国家标准《混凝土结构设计规范》(GB 50010)中的相应规定且不得小于 15 mm,连接套筒之间的横向净距不宜小于 25 mm。

（6）钢筋端部平头使用钢筋切割机进行切割，不得采用气割。切口断面应与钢筋轴线垂直。

（7）按照钢筋规格所需要的调试棒调整好滚丝头内控最小尺寸。

（8）按照钢筋规格更换涨刀环，并按规定丝头加工尺寸调整好剥肋加工尺寸。

（9）调整剥肋挡块及滚扎行程开关位置，保证剥肋及滚扎螺纹长度符合丝头加工尺寸的规定。

（10）丝头加工时应用水性润滑液，不得使用油性润滑液。当气温低于 0 ℃时，应掺入 15% ~ 20% 亚硝酸钠。严禁使用机油作切割液或不加切割液加工丝头。

（11）钢筋丝头加工完毕经检验合格后，应立即戴上丝头保护帽或拧上连接套筒，防止装卸钢筋时损坏丝头。

四、钢筋连接

（1）连接钢筋时，钢筋规格和连接套筒规格应一致，并确保钢筋和连接套筒的丝扣干净、完好无损。

（2）连接钢筋时应对准轴线将钢筋拧入连接套筒中。

（3）必须用力矩扳手拧紧接头。力矩扳手的精度为 ±5% ，要求每半年用扭力仪检定一次。力矩扳手不使用时，将其力矩值调整为零，以保证其精度。

（4）连接钢筋时应对正轴线将钢筋拧入连接套筒中，然后用力矩扳手拧紧。接头拧紧值应满足表 5-2 规定的力矩值，不得超拧，拧紧后的接头应做上标记，放置钢筋接头漏拧。

表 5-2 直螺纹钢筋接头拧紧力矩值

序号	钢筋直径（mm）	拧紧力矩值（N·m）
1	≤16	100
2	16 ~ 20	200
3	22 ~ 25	260
4	28 ~ 32	320

(5)钢筋连接前要根据所连接直径的需要将力矩扳手上的游动标尺刻度调定在相应的位置上。即按规定的力矩值,使力矩扳手钢筋轴线均匀加力。当听到力矩扳手发出"咔嚓"声响时即停止加力(否则会损坏扳手)。

(6)连接水平钢筋时必须依次连接,从一头往另一头,不得从两边往中间连接,连接时一定两人面对面站立,一人用扳手卡住已连接好的钢筋,另一人用力矩扳手拧紧,待连接钢筋按规定的力矩值进行连接,这样可避免弄坏已连接好的钢筋接头。

(7)使用扳手对钢筋接头拧紧时,只要达到力矩扳手调定的力矩值即可,拧紧后按表5-2检查。

(8)接头拼接完成后,应使两个丝头在套筒中央位置相互顶紧,套筒的两端不得有一口以上的完整丝扣外露,加长型接头的外露扣数不受限制,但有明显标记,以检查进入套筒的丝头长度是否满足要求。

第三节　浆锚搭接连接

浆锚搭接连接施工要点如下:

(1)因设计上对抗震等级和高度上有一定的限制,此连接方式在预制剪力墙体系中预制剪力墙的连接使用较多,预制框架体系中的预制立柱的连接一般不宜采用。约束浆锚搭接连接主要缺点是预埋螺旋棒必须在混凝土初凝后取出来,须在取出时间、操作规程方面掌握得非常好,时间早了易塌孔,时间晚了,预埋棒取不出来。因此,成孔质量很难保证,如果孔壁出现局部混凝土损伤(微裂缝),对连接质量有影响。比较理想的做法是预埋棒刷缓凝剂,成型后冲洗预留孔,但应注意孔壁冲洗后是否满足约束浆锚连接的相关要求。

(2)注浆时可在一个预留孔上插入连通管,可以防止由于孔壁吸水导致灌浆料的体积收缩,连通管内灌浆料回灌,保持注浆部位充满。此方法套筒灌浆连接时同样适用。

第四节　牛担板连接

牛担板的连接方式是采用整片钢板为主要连接件,通过栓钉与混凝土的连接构造来传递剪力,主要应用于主次梁的连接,如图5-3、图5-4所示。

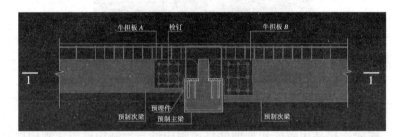

图5-3　牛担板连接示意图1

设计与施工要点:牛担板宜选用Q235B钢;次梁端部应伸出牛担板且伸出长部不小于30 mm;在次梁内置长度不小于100 mm,在次梁内的埋置部分两侧应对称布置抗剪栓钉,栓钉直径及数量应根据计算确定;牛担板厚度不应小于栓钉直径的60%;次梁端部1.5倍梁高范围内,箍筋间距不应大于100 mm。预制主梁与牛担板连接处应企口,企口下方应设置预埋件。安装完成后,企口内应采用灌浆料填实;牛担板企口接头的承载力验算应符合下列规定:

(1)牛担板企口接头应能够承受施工及使用阶段的荷载。

(2)应验算牛担板截面A处在施工及使用阶段的抗弯、抗剪强度。

(3)应验算牛担板截面B处在施工及使用阶段的抗弯强度。

(4)应验算凹槽内部灌浆料未达到设计强度前,牛担板外挑部分的稳定承载力。

(5)各栓钉承受的剪力可参照高强度螺栓群剪力计算公式计算,栓钉规格应根据计算剪力确定。

(6)应验算牛担板搁置处的局部受压承载力。

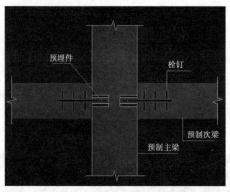

图 5-4　牛担板连接示意图 2

第五节　螺栓连接

　　螺栓连接是用螺栓和预埋件将预制构件与预制构件或预制构件与主体结构进行连接。前面介绍的套筒灌浆连接、浆锚搭接连接等都属于湿连接,螺栓连接属于干连接。

　　装配整体式混凝土结构中,螺栓连接仅用于外挂板和楼梯等非主体结构构件的连接。

　　(1)外挂板的安装节点螺栓连接,如图 5-5 所示。

　　(2)楼梯与主体结构的螺栓连接,如图 5-6 所示

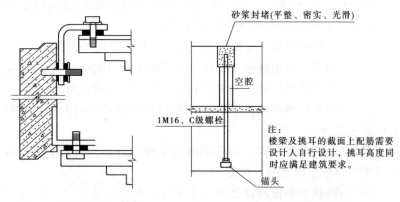

图 5-5　外挂板连接示意图　　　　　图 5-6　楼梯连接示意图

第六章 质量检查与验收

第一节 质量验收标准

一、预制构件质量标准要求

(一)主控项目

主控项目应符合表6-1的要求。

表6-1 主控项目内容及验收要求

项目内容	验收要求	验收方法
构件标志和预埋件	预制构件应在明显部位标明生产单位、构件型号、生产日期和质量验收标准。构件上的预埋件、插筋和预留孔洞的规格、位置和数量应符合标准图或设计的要求	检查数量:全数检查 检验方法:观察
外观质量严重缺陷处理	预制构件的外观不应有严重缺陷,对已出现的严重缺陷,应按技术处理方案进行处理,并重新检查验收	检查数量:全数检查 检验方法:观察,检查技术处理方案
过大尺寸偏差处理	预制构件不应有影响结构性能和安装、使用功能的尺寸偏差。对超过尺寸允许偏差且影响结构性能和安装、使用功能的部位,应按技术处理方案进行处理,并重新检查验收	检查数量:全数检查 检验方法:测量,检查技术处理方案

(二)一般项目

一般项目应符合表6-2的要求。

表 6-2　一般项目内容及验收要求

项目内容	验收要求	验收方法
外观质量 一般缺陷	预制构件的外观质量不宜有一般缺陷,对已经出现一般缺陷,应按技术处理方案进行处理,并重新检查验收	检查数量:全数检查 检验方法:观察,检查技术处理方案
预制构件尺寸 允许偏差	预制构件的尺寸偏差应符合现有规范的要求	检查数量:同一工作班生产的同类型构件,抽查5%且不少于3件

二、外观与尺寸检验

(1)构件上预留钢筋、连接套管、预埋件和预留孔洞的规格、数量应符合设计要求,位置偏差应满足相关规范的规定要求。严格对照构件制作图和变更图进行观察、测量。

(2)预制混凝土构件外观质量不宜有一般缺陷,外观质量应符合相关规范的规定要求,对于已经出现的一般缺陷,应按技术处理方案进行处理,并重新检查验收。

(3)预制混凝土构件外形尺寸允许偏差应符合相关规范的规定要求。同一工作班组生产的同类型构件,经全数自检、互检合格后,专检抽检不应少于30%,且不少于5件。采用钢尺、靠尺、调平尺、保护层厚度测定仪检查。

外观质量缺陷根据其影响结构性能、安装和使用功能的严重程度,可按表6-3的规定划分为严重缺陷和一般缺陷。

表 6-3　　构件外观质量缺陷

名称	现象	严重缺陷	一般缺陷
露筋	构件内钢筋未被混凝土包裹而外露	纵向受力筋有露筋	其他钢筋有少量露筋
蜂窝	混凝土表面缺少水泥砂浆而形成石子外露	构件主要受力部位有蜂窝	其他部位有少量蜂窝
孔洞	混凝土中孔穴深度和长度均超过保护层厚度	构件主要受力部位有孔洞	其他部位有少量孔洞
夹渣	混凝土中夹有杂物且深度超过保护层厚度	构件主要受力部位有夹渣	其他部位有少量夹渣
疏松	混凝土中局部不密实	构件主要受力部位有疏松	其他部位有少量疏松
裂缝	裂缝从混凝土表面延伸至混凝土内部	构件主要受力部位有影响结构性能或使用功能的裂缝	其他部位有少量不影响结构性能或使用功能的裂缝
连接部位缺陷	构件连接处混凝土缺陷及连接钢筋、连接件松动,插筋严重锈蚀、弯曲,灌浆套筒堵塞、偏位、灌浆孔洞堵塞、偏位、破损等缺陷	连接部位有影响结构传力性能的缺陷	连接部位有基本不影响结构传力性能的缺陷
外形缺陷	缺棱掉角、棱角不直、翘曲不平、飞边凸肋等,装饰面砖黏接不牢、表面不平、砖缝不顺直等	清水或具有装饰的混凝土构件有影响使用功能或装饰效果的外形缺陷	其他混凝土构件有不影响使用功能的外形缺陷
外表缺陷	构件表面麻面、掉皮、起砂、沾污等	具有重要装饰效果的清水混凝土构件有外表缺陷	其他混凝土构件有不影响使用功能的外表缺陷

第二节　构件安装质量验收

预制构件吊装定位后应分别针对构件位置与轴线位置偏差,构件标高、垂直度、倾斜度、搁置长度进行检查,还要对支座、支垫位置和相邻墙板接缝进行检查,具体检查方法和允许偏差数值见表6-4和表6-5。

表6-4　预制构件就位检查

项目			允许偏差（mm）	检验方法
构件中心线对轴线位置	基础		15	尺量检查
	竖向构件（柱、墙板、桁架）		10	
	水平构件（梁、板）		±5	
构件标高	梁、板底面或顶面		±5	水准仪或尺量检查
	柱、墙板顶面		3	
构件垂直度	柱、墙板	<5 m	5	经纬仪量测
		≥5 m且≤10 m	10	
		>10 m	20	
构件倾斜度	梁、桁架		5	垂线,钢尺检查
相邻构件平整度	板端面		5	钢尺、塞尺量测
	梁、板下表面	抹灰	3	
		不抹灰	5	
	柱、墙板侧面	外露	5	
		不外露	10	
构件搁置长度	梁、板		±10	尺量检查
支座、支垫中心位置	板、梁、柱、墙板、桁架		±10	尺量检查
接缝宽度			±5	尺量检查

表 6-5 装配式楼梯安装允许偏差及检验方法

项目	允许偏差（mm）	检验方法
梯段板轴线位置	5	经纬仪及尺量
梯段板底面或顶面标高	±5	经纬仪及尺量
梯段板与邻近楼板平整度	5	尺量
梯段板搁置长度	±10	尺量
板接缝宽度	±5	尺量

第七章 信息化装配技术

装配式建筑的系统性要求高,需采用一体化的建造方式,提升建造效率和效益;充分发挥建筑信息模型(building information modeling, BIM)技术的信息共享、集成共用、协同工作的信息化优势,实现装配式建筑的系统性建造。装配式建筑信息化应用包括两个方面:

一是在技术层面实现基于 BIM 的设计、生产、装配全过程信息集成和共享;二是在管理层面实现装配式建筑实施全过程的成本、进度、合同、物料等各业务信息化管控,提高信息化应用水平,提高建造效率和效益。

第一节 BIM5D 技术简介

BIM 作为一种全新的理念和技术,不仅为工程过程管理提供信息服务保障,而且可以集成建筑工程施工过程的各种信息,同时让工程项目在相关方协同办公、减少错误、提高功效、降低费用、优化工期等方面优势明显。BIM5D 技术在原来三维的基础上增加了时间进度信息和成本造价信息两个维度(5D:量、成本、ERP…),集成土建、机电、钢构、幕墙等各专业模型,并以集成模型为载体,关联施工过程中的进度、合同、成本、质量、安全、图纸、物料等信息,利用 BIM 模型的形象直观、可计算分析的特性,为项目的进度、成本管控、物料管理等提供数据支撑,协助管理人员有效决策和精细管理,从而达到减少施工变更、缩短工期、控制成本、提升质量的目的,如图 7-1 所示。

BIM5D 的信息库提供施工模拟、流水视图、合约规划、工程计量、物资提量、质量安全、典型工况等核心应用,帮助相关管理人员进行有效决策和实现施工阶段精细管理,如图 7-2 为 BIM5D 信息库在施工阶段的核心应用。

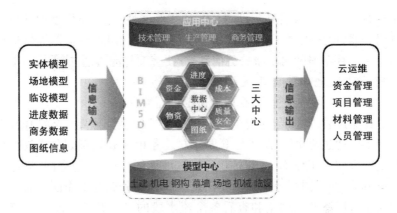

图 7-1　BIM5D 施工管理流程示意图

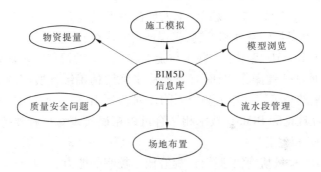

图 7-2　BIM5D 信息库在施工阶段的核心应用

（1）施工过程的模拟，实现项目精细化管理。

BIM5D 平台能够真正打破传统华而不实的虚拟建造过程展现方式，对 BIM 应用中的施工模拟进行了重新定义，可以让项目管理人员在施工之前提前预测项目建造过程中每个关键节点的施工现场布置、大型机械及措施布置方案。还可以预测月和周的周期内资金和资源的使用和变化趋势情况，能够预先通过资金和资源使用计划发现问题并进行事前优化。

（2）全专业模型集成，实现全专业模型浏览和管理。

集成结构、机电、钢构、幕墙等模型，实现全专业模型浏览。便捷的三维模型浏览功能，可按楼层和专业多角度进行全面检查，可以在模型中任意点击构件查看其类型、材质、体积等属性信息,将模型构件与二维码关联,使用拍照二维码,快速定位所需构件;BIM 浏览器提供批注与视点保存功能随时记录关键信息,方便查询与沟通,支持手机与平板电脑,随时随地查看模型,便于沟通、指导施工。

(3)流水段系统管理,提前规避工程面冲突。

在生产管理中,合理安排规避工作面冲突是其重要内容。BIM5D平台事先通过流水段、施工层等划分方式将 BIM3D 模型划分成具有足够施工空间的工作面。同时,将施工进度计划、总－分包合同、招标工程量清单、施工图纸等施工重要信息关联到划分后的工作面。通过一键操作可以清晰地浏览和查看各个流水段的进度开始时间和结束时间、钢筋和构件工程量、施工图纸、清单工程量、质量安全问题等重要信息,通过技术交底,帮助现场技术人员合理组织施工。

(4)物资量的管理和控制,实现现场零库存管理。

由于 BIM5D 模型上关联了与施工成本有关的清单和定额资源,用户可以通过一键操作,及时有效地从多维度精确统计所需的资源量。物资提量的精确统计作为物资采购计划、节点限额领料的重要依据,通过对库存理论和 BIM5D 技术相结合可以精确实现每一种物资的采购计划和库存计划。

(5)工程量精确快速统计,提升成本控制的能力。

在项目施工过程中,处理向业主方的报量、审核分包工程量是合同管理过程中频繁发生的处理过程,期间涉及大量的现场完成情况的确认、工程量的统计及计算。用 BIM5D 模型中记录的完成情况、现场签证情况,商务人员可以快速统计已完成部分的清单工程量,快速完成向甲方的进度款申请及分包工程量的审核。在 BIM5D 平台中,可实现构件与预算文件、分包合同、施工图纸、进度计划等相关联。支持按专业、楼层、进度、流水段等多维度筛选统计清单工程量、分包工程量。

(6)施工场地布置,高效地完成三维临时建造活动。

在招标投标阶段,基于 BIM5D 模型的场地布置,可以更加形象直观地展示建筑准备阶段中施工现场的物资材料和施工机械的布置位置和不同阶段投入机械情况;在施工准备阶段,三维的场地布置,内置了道路、板房、加工场、料场、围栏、水电设施等80多种施工现场构件,并可以导入施工场地布置平面图进行定位建模,帮助施工单位快速地建立施工现场的三维模型。在施工阶段,可以在配合建筑主体内部进行三维漫游,判定专项方案的合理性。在施工模拟过程中,可以和建筑的不同施工阶段共同模拟,展示不同阶段施工现场的物资材料和施工机械的布置位置和不同阶段投入机械情况。

(7)质量安全问题系统管理,提高质量安全问题处理效率。

由于项目施工周期长,现场条件复杂难测,施工技术和现场管理限制,质量安全一直是施工现场管理中的难点和重点,BIM5D平台提供基于BIM技术的质量安全管理方案。当发生质量问题时,通过手机对质量安全内容进行拍照、录音和文字记录,并关联模型。软件基于云自动实现手机与电脑数据同步,以文档图钉的形式在模型中展现,协助生产人员对质量安全问题进行管理。

第二节　信息化技术应用

在建筑工业化行业中,为实现设计、生产、物流、施工、运营等环节全流程的有效管理,需要建立在信息化的平台上,通过信息管理系统把设计、采购、生产、物流、施工、财务、运营、管理等各个环节集成起来,共享信息和资源。预制构件生产企业可从BIM模型信息平台调取预制构件的尺寸、材质等,通过二维码、RFID等物联网技术写入构件信息,并随施工流程对现场装配施工进度进行实时录入,其内容不仅包含工程名称、构件名称、规格型号、生产企业、检验结论等属性信息,还包含生产负责人、质检员、驻厂监理员、吊装人员等责任人信息,通过使用终端对各工序信息进行录入,并将实际进度信息关联到BIM进度模拟模型中,从而实现了现场可视化的进度实时管理。

一、二维码技术

在预制构件、实体结构、管理人员安全帽上粘贴信息化二维码(见图7-3),可以实现相关信息的全过程追溯,方便实用。

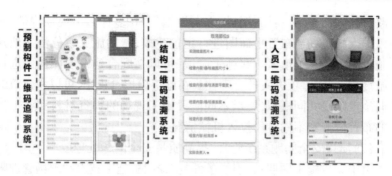

图 7-3　二维码追溯系统手机端界面

（1）预制构件追踪定位系统，是通过定位追踪 APP 操作选择指定构件，指定构件的定位器将发出蜂鸣及红色闪光，便于工人迅速找准构件，同时通过扫描定位器边上的二维码确认构件并获取构件详细信息，实时监控施工质量，如图 7-4 所示。

图 7-4　预制构件追踪定位系统使用示意

（2）每一个预制构件均带有二维码，用微信等 APP 扫描二维码即可看到构件的型号、规格、重量等信息，页面上还附带有构件具体部位和性能的检验合格报告，如图 7-5 所示。

二、RFID 技术

装配式施工进度主要受厂商构件生产的速度、运输方式等多方面因素制约。设计变更对构件的生产不利，安装过程中容易出现"错、漏、碰、缺"等情况。因此，将 BIM 和 RFID 集成，并应用于包括从构件制作到安装全过程管理，将极大地提高了生产效率。利用手持设备以及芯片技术，从设计开始直到安装完成为每个构件贴上属于它们自己

图7-5　预制构件二维信息示意

的"身份证",再利用手持设备传递它们的状态,从而掌握构件的全生命周期信息。RFID技术见图7-6。

(a)RFID抗金属标签　　　(b)手持式信息采集设备

图7-6　RFID技术

（1）构件制作阶段。在构件制作阶段,首先由预制场的预制人员利用读写设备,将构件或部品的所有信息(如预制柱的尺寸、养护信息等)写到RFID芯片中。然后由制作人员将写有构件所有信息的RFID芯片植入到构件或部品体系中,以供以后各阶段工作人员读取、查阅相关信息。

（2）构件运输阶段。在构件运输阶段,主要是将RFID芯片植入到运输车辆上,随时收集车辆运输状况,寻求最短路程和最短时间线路,从而有效地降低运输费用和加快工程进度。

（3）构配件入场及存储管理阶段。门禁系统中的读卡器接收到运输车辆入场信息后立即通知相关人员进行入场检验及现场验收,验收合格后按照规定运输到指定位置堆放,并将构配件的到场信息录入到

RFID 芯片中,以便日后查阅构配件到场信息及使用情况。

（4）构件吊装阶段。地面工作人员和施工机械操作人员各持阅读器和显示器,地面人员读取构件相关信息,其结果随即显示在显示器上,机械操作人员根据显示器上的信息按次序进行吊装,一步到位,省时省力。此外,利用 RFID 技术能够在小范围内实现精确定位的特性,可以快速定位、安排运输车辆,提高工作效率。

（5）图 7-7 为 RFID 芯片技术在信息化管理中的应用示例。

(a) 施工人员扫描工号条码及图纸条码　　(b) 检查模板制作及饰面铺设确认

(c) 钢筋绑扎检查合格后将芯片与　　(d) 钢筋入模浇捣前检查确认
　　构件数据绑定

图 7-7　RFID 芯片技术在信息化管理中的应用

(e) 脱模起吊前检查确认

(f) 成品检查确认

(g) 成品堆放确认

(h) 现场安装人员登录

(i) 现场安装就位

(j) 施工进度管理

续图 7-7

　　随着信息化技术在建筑工业化过程中的普及,信息化管理会使设计、生产、物流、施工以及运营这个流程变得高效、可控、可追溯。在 PC 装配式建筑所需构件的生产这个环节上,信息化手段还有巨大的发展空间。展望未来,信息化是大势所趋,其一定会结合工业化在装配式建筑市场上一展风采。

第三部分　现场管理

第八章　安全文明施工

　　遵守安全文明施工的规定和要求,采用安全文明施工的技术和措施,创建安全文明的建设工地、施工场所及其周围环境,规范施工现场的场容,保持作业环境的整洁卫生,科学组织施工,使生产有序进行;减少施工对周围居民和环境的影响,遵守施工现场文明施工的规定和要求,以达到安全文明生产的目的。

第一节　PC建筑危险源

　　安全施工是建筑项目的基础,是项目具备经济效益和社会效益的重要保证。保障施工人员的人身安全是施工安全管理中的重要组成部分。装配式建筑改变了传统现浇建筑的建造方式,使建设施工过程的各个环节发生了重大变革,在装配化施工衔接流程、作业防护等方面存在多个安全管理难点。表8-1为PC建筑重大危险源的主要内容及等级划分。

表8-1　PC建筑重大危险源的主要内容及等级划分

序号	项目	危险等级	项目危险源说明
1	预制构件运输	☆☆☆☆	1. 构件在运输车上的固定; 2. 市政道路对构件运输要求; 3. 运输途中离心、颠簸等对构件的影响
2	预制构件 卸车/码放	☆☆☆☆☆	1. 装卸车时保证车辆稳定; 2. 装卸车吊装机械和吊索具选择和检查; 3. 存放场地的稳定性; 4. 存放架的刚度和稳定性; 5. 构件存放方法; 6. 人员高处作业安全防护

续表 8-1

序号	项目	危险等级	项目危险源说明
3	预制外墙板安装	☆☆☆☆☆	1. 墙板预埋吊环和外观质量检查； 2. 墙板吊装机械和吊索具选择和检查； 3. 墙板临时支撑形式选择,刚度和稳定性计算； 4. 墙板临时支撑形式、数量、预埋件和安装检查； 5. 墙板锚固连接钢筋位置调整； 6. 人员高处作业安全防护； 7. 临边作业防护
4	节点位置钢筋绑扎、支模和混凝土浇筑	☆☆	1. 人员高处作业安全防护； 2. 临边作业防护； 3. 模板支撑检查
5	预制叠合楼板安装	☆☆☆☆	1. 叠合楼板预埋桁架筋吊点和外观质量检查； 2. 叠合楼板吊装机械和吊索具选择和检查； 3. 叠合楼板支撑形式选择,刚度和稳定性计算； 4. 叠合楼板临时支撑形式、间距、数量和安装检查； 5. 叠合楼板集中荷载控制； 6. 人员高处作业安全防护； 7. 临边作业防护
6	预制楼梯/隔墙板安装	☆☆☆☆	1. 楼梯预埋吊环和外观质量检查； 2. 楼梯吊装机械和吊索具选择和检查； 3. 楼梯临时支撑形式选择,刚度和稳定性计算； 4. 楼梯临时支撑形式、数量、间距、预埋件和安装检查； 5. 人员高处作业安全防护； 6. 临边作业防护

续表 8-1

序号	项目	危险等级	项目危险源说明
7	叠合楼板线管铺设、钢筋绑扎、混凝土浇筑	☆☆☆	1. 人员高处作业安全防护； 2. 临边作业防护； 3. 集中荷载控制
8	PCF 板安装和钢筋绑扎、支模和混凝土浇筑	☆☆☆☆☆	1. 墙板预埋吊环和外观质量检查； 2. 墙板吊装机械和吊索具选择和检查； 3. 墙板临时支撑和模板支撑形式选择，刚度和稳定性计算； 4. 墙板临时支撑和模板支撑形式、数量、预埋件和安装检查； 5. 人员高处作业安全防护； 6. 临边作业防护
9	外围护架体安装/拆除	☆☆☆☆☆	1. 脚手架形式选择和计算； 2. 脚手架基础检查； 3. 脚手架形式、杆件质量、杆件间距、连墙件、预埋件和组装检查； 4. 脚手架架体封闭检查； 5. 人员高处作业安全防护； 6. 临边作业防护

第二节　安全操作规程

一、施工机具安全防护措施

（1）机械设备应按其技术性能的要求正确使用，不得使用缺少安全装置或安全装置已失效的机械设备。

（2）严禁拆除机械设备上的自动控制机构、力矩、限位器等安全装置和信号装置，其调试和故障的排除应由专业人员进行。

（3）设备安装结束后，应做好调试记录。

（4）针对过程控制的有关要求，所有设备进场、安装结束，自检合格后，申报上级安全主管部门检测，合格后开准用证，注册、登记方能投入生产。

（5）机械设备应按时进行检修、保养，当发现有漏保、失修或超载带病运转等情况时，管理人员应停止其使用。严禁对正在运行和运转中的机械进行维修、保养或调整等作业。

（6）机械操作人员必须身体健康，并经过专业培训考核，合格后取得有关部门颁发的上岗证、操作证、特殊工种操作证后，方可独立操作。

（7）机械作业时，操作人员不得擅自离开工作岗位或将机械交给非机械人员操作；严禁无关人员进入作业区和操作室；工作时，思想要集中，严禁酒后操作。

（8）操作人员有权拒绝执行违反安全操作规程的命令，管理人员违章指挥造成事故者，应追究直接责任，直至追究刑事责任。

（9）机械设备使用前，施工技术人员和安全员应向机械操作人员进行施工任务及安全技术措施交底，操作人员应熟知作业环境和施工条件，听从指挥，遵守现场安全规则。夜间作业必须设置有充足的照明。

（10）在有碍机械安全和人身健康场所作业时，机械设备应采取相应的安全措施。搭设机械设备防护棚（要求做硬性防护和防雨），焊机操作人员工作中，必须配备适用的安全防护用品。

（11）当使用机械设备与安全发生予盾时，必须服从安全的要求。

（12）当机械设备发生事故或未遂事故时，必须及时保护好现场，及时抢救，并立即报告领导和有关部门听候处理。对事故应按"三不放过"的原则进行处理。

二、工人安全生产须知

（1）工人进入工地前必须认真学习本工种安全技术操作规程。未经安全知识教育和培训，不得进入施工现场操作。

（2）进入施工现场，必须戴好安全帽，并扣好帽带，如图8-1所示。

（3）在没有防护设施的 2 m 以上、悬崖或陡坡施工作业时必须系好安全带。

（4）高空作业时，不准往下或向上抛材料和工具等物件。

（5）不懂电器和机械的人员，严禁使用和摆弄机电设备。

（6）建筑材料和构件要堆放整齐稳妥，不要过高。

（7）危险区域要有明显标志，要采取防护措施，夜间要设红灯示警。

（8）在操作中，应坚守工作岗位，严禁酒后操作。

图 8-1　建筑工地安全着装

（9）特殊工种（电工、焊工、司炉工、爆破工、起重及打桩司机和指挥、架子工、各种机动车辆司机等）必须经过有关部门专业培训考试合格发给操作证，方准独立操作。

（10）施工现场禁止穿拖鞋、高跟鞋、赤脚，以及易滑、带钉的鞋和赤膊操作。

（11）不得擅自拆除施工现场的脚手架、防护设施、安全标志、警告牌、脚手架连接铅丝或连接件。需要拆除时，必须经过加固后经施工负责人同意。

（12）施工现场的洞、坑、井架、升降口、漏斗等危险处，应有防护措施并有明显标志。

（13）任何人不准向下或向上乱丢材、物、垃圾、工具等。不准随意启动一切机械。操作时思想要集中，不准开玩笑，做私活。

（14）不准坐在脚手架防护栏杆上休息和在脚手架上睡觉。

（15）手推车装运物料，应注意平稳，掌握重心，不得猛跑或撒把溜放。

（16）拆下的脚手架、钢模板、轧头或木模、支撑，要及时整理，圆钉要及时拔除。

（17）砌墙斩砖要朝里斩，不准朝外斩，以防碎砖堕落伤人。

(18)工具用好后要随时装入工具袋。

(19)不准在井架内穿行;不准在井架提升后不采取安全措施到下面去清理砂浆、混凝土等杂物;吊篮不准久停空中;下班后吊篮必须放在地面处,且切断电源。

(20)要及时清扫脚手架上的霜、雪、泥等。

(21)脚手板两端间要扎牢,防止空头板(竹脚手片应四点扎牢)。

(22)脚手架超载危险。砌筑脚手架均布荷载每平方米不得超过270 kN,即在脚手架上堆放标准砖不得超过单行侧放三层高,20孔多孔砖不得超过单行侧放四层高,非承重三孔砖不得超过单行平放五皮高。只允许二排脚手架上同时堆放。拆除脚手架连接物时,杜绝坐在防护栏杆上休息,搭拆脚手架、井字架不系安全带等危险行为。

(23)单梯上部要扎牢,下部要有防滑措施。

(24)挂梯上部要挂牢,下部要绑扎。

(25)人字梯中间要扎牢,下部要有防滑措施,不准人坐在上面骑马式移动。

(26)高空作业:从事高空作业的人员,必须身体健康,严禁患有高血压、贫血症、严重心脏病、精神症、癫痫病、深度近视在500度以上的人员,以及经医生检查认为不适合高空作业的人员从事高空作业,对井架、起重工等从事高空作业的工种人员要每年体检一次。

三、预制构件的运输

由于大多数预制构件的长度与宽度远大于厚度,正立放置时自身稳定性较差,因此应置带侧向护栏或其他固定措施的专用运输架对其进行运输,以适应运输时道路及施工现场场地不平整、颠簸情况下构件不发生倾覆的要求。

(一)装车安全要求

(1)凡需现场拼装的构件应尽量将构件成套装车或按安装顺序装车运至安装现场。

(2)构件起吊时应拆除与相邻构件的连接,并将相邻构件支撑牢固。

（3）对大型构件,宜采用龙门吊或行车吊运。

（4）当构件采用龙门吊装车时,起吊前需检查吊钩是否挂好,构件中螺丝是否拆除等,以避免影响到构件起吊安全。

（5）构件从成品堆放区吊出前,应根据设计要求或强度验算结果,在运输车辆上支设好运输架。

（6）外墙板以采用竖直立放运输为宜,应使用专用支架运输,支架应与车身连接牢固,墙板饰面层应朝外,构件与支架应连接牢固。

（7）预制楼板、预制梁和空调板等小型构件以平运为主,装车时支点搁置要正确,位置和数量应按设计要求进行。

（8）构件装车时吊点和起吊方法,不论上车运输或卸车堆放,都应按设计要求和施工方案确定。

（9）运输构件的搁置点:等截面构件一般在长度的 1/5 处,板的搁置点在距端部 200～300 mm 处。其他构件视受力情况确定,搁置点宜靠近节点处。

（10）构件装车时应轻起轻落、左右对称放置在车上,保持车上荷载分布均匀;卸车时按后装的先卸的顺序进行,使车身和构件稳定。构件装车编排应尽量将重量大的构件放在运输车辆前端中央部位,重量小的构件则放在运输车辆的两侧。并降低构件重心,使运输车辆平稳,行驶安全。

（11）采用平运叠放方式运输时,叠放在车上的构件之间,应采用垫木,并在同一条垂直线上,且厚度相等。有吊环的构件叠放时,垫木的厚度应高于吊环的高度,且支点垫木上下对齐,并应与车身绑扎牢固。

（12）构件与车身、构件与构件之间应设有板条和草袋等隔离体,避免运输时构件滑动、碰撞。

（13）预制构件固定在装车架后,需用专用帆布带或夹具或斜撑夹紧固定,帆布带压在货品的棱角前应用角铁隔离,构件边角位置或角铁与构件之间接触部位应用橡胶材料或其他柔性材料衬垫等缓冲(见图 8-2)。

（14）构件抗弯能力较差时,应设抗弯拉索,拉索和捆扎点应通过计算确定。

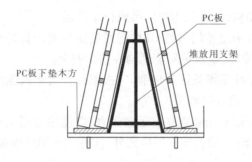

图 8-2　构件装车示意图

（二）运输安全准备工作

（1）制订运输方案。根据运输构件实际情况需要，装卸车现场及运输道路的情况，施工单位要根据起重机械、运输车辆的条件等因素综合考虑，最终选定运输方法、选择起重机械（装卸构件用）和运输车辆。

（2）设计制作运输架。根据构件的重量和外形尺寸进行设计制作，且尽量考虑运输架的通用性，如图 8-3 为预制构件专用运输车装卸原理。

（a）构件专用运输车原理示意图

（b）构件专用运输车装车示意图

图 8-3　预制构件专用运输车装卸原理

（3）验算构件强度。对钢筋混凝土屋架和钢筋混凝土柱子等构件，根据运输方案所确定的条件，验算构件在最不利截面处的抗裂度，避免在运输中出现裂缝。如有出现裂缝的可能，应进行加固处理。

（三）构件运输图例

（1）外墙板、内墙板宜采用竖直立放运输，图 8-4、图 8-5 分别为外、内墙板运输示意图。

　　　图 8-4　外墙板运输示意图　　　　图 8-5　内墙板运输示意图

　　（2）梁、楼板、阳台板、楼梯类构件宜采用平放运输（楼板、阳台板不宜超过 8 层，楼梯不宜超过 4 层），图 8-6、图 8-7 分别为预制叠合楼板和预制楼梯运输示意图。

　图 8-6　预制叠合楼板运输示意图　　　图 8-7　预制楼梯运输示意图

　　（3）预制柱宜采用平放运输，采用立放运输时应有防倾覆措施，如图 8-8 所示。

图 8-8　预制柱运输示意图

四、预制构件的存放

(一)堆(存)放场要求

装配式混凝土构件进入施工现场,应堆放在专用的堆放场地。

(1)存放场地应平整、坚实,并应有排水措施。

(2)存放库区宜实行分区管理和信息化台账管理。

(3)应按照产品品种、规格型号、检验状态分类存放,产品标识应明确、耐久,预埋吊件应朝上,标识应向外。

(4)应合理设置垫块支点位置,确保预制构件存放稳定,支点宜与吊点位置一致。

(5)与清水混凝土面接触的垫块应采取防污染措施。

(6)预制构件多层叠放时,每层构件间的垫块应上下对齐;预制楼板、叠合楼板、阳台板和空调板等构件宜平放,叠合层数不宜超过6层;长期存放时,应采取措施控制预应力构件起拱值和叠合板翘曲变形。

(7)预制柱、梁等细长构件宜平放且用两条垫木支撑。

(8)预制内外墙板、挂板宜采用专用支架直立存放,支架应有足够的强度和刚度,薄弱构件、构件薄弱部位和门窗洞口应采取防止变形开裂的临时加固措施。

(二)构件现场存放要求

1.预制构件存放基本要求

(1)预制构件原则上不在现场存放,如必须在现场存放,需在指定地点按要求放置。

(2)预制构件按流水段要求规格、数量运至现场后,拖板车在指定地点停放,直接由拖板车上吊至工作面进行安装施工。

(3)预制构件拖板车严格按照总平面布置要求停放在塔吊有效吊重覆盖范围半径内。

(4)预制墙板插放于墙板专用堆放架上,堆放架设计为两侧插放,堆放架应满足强度、刚度和稳定性要求,堆放架必须设置防磕碰、防下沉的保护措施;保证构件堆放有序,存放合理,确保构件起吊方便、占地面积最小。堆放时要求两侧交错堆放,保证堆放架的整体稳定性。存放架根据构件厂提供的尺寸和要求进行设置加工或采用租赁构件厂的成型存放架,如图8-9所示。

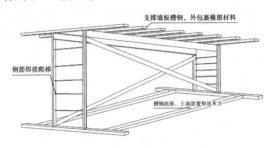

图8-9 预制墙板存放架

(5)根据预制构件受力情况存放,同时合理设置支垫位置,防止预制构件发生变形损坏;预制叠合阳台板、预制叠合楼板、预制楼梯,以及预制装饰梁、柱采用叠放中,层间应垫平、垫实,垫块位置安放在构件吊点部位。

(6)墙板存放应使用专用的存放架,存放架应采用地脚螺栓或焊接等方式固定在地面上。存放架上方用于隔断墙板的槽钢要使用帆布或胶皮等柔软材料包裹好,避免磕碰或摩擦墙板表面。存放时,墙板内叶墙下方应垫好木方,上方应垫好木楔,木楔应用塑料布包裹好。

(7)飘窗板存放应使用飘窗板专用的存放架,存放架应采用地脚螺栓或焊接等方式固定在地面上。存放时,墙板飘窗上下应垫好橡胶皮,飘窗上方应用专用的固定工装固定好。

(8)阳台板应存放在指定的区域,存放区域地面应保证水平。阳台板采用水平放置,层间用木方隔开,层数不超过2层。

(9)叠合梯板应存放在指定的存放区域,存放区域地面应保证水平。叠合楼板应分型号码放,水平放置,层间用木方隔开,并且位置上下层木方对照,层数不超过8层。

(10)楼梯板存放在指定的存放区域,存放区域地面应保证水平。楼梯板应分型号码放,下方垫3块木方。

(11)装饰板应放在指定的存放区域,存放区域地面应保证水平。装饰板采用水平放置,层间用木方隔开。

2. 预制构件现场存放

1) 墙板采用立放专用存放架

墙板宽度小于 4 m 时,内叶墙下部垫 2 块 70 mm × 70 mm × 250 mm 木方,两端距墙边 300 mm 处各放一块木方,如图 8-10 所示;墙板宽度大于 4 m 或带门口时,内叶墙下部垫 3 块 70 mm × 70 mm × 250 mm 木方,两端距墙边 300 mm 处、墙体重心位置处共三块木方,如图 8-11 所示,现场存放如图 8-12 所示。

图 8-10 墙板宽度小于 4 m 时
木方位置示意图

图 8-11 墙板宽度大于 4 m 时
木方位置示意图

图 8-12 墙板现场存放示意图

2) 预制叠合楼板存放

叠合楼板应存放在指定的区域,存放区域地面应保证平整夯实,并设有排水措施。宜采用叠合楼板堆放架堆放,若无叠合楼板堆放架,则应保证底板与地面之间应有一定的空隙。叠合楼板需分型号码放,水平放置,层间用100 mm×100 mm×300 mm木方隔开,木方间距不得大于1 200 mm,距两边200 mm左右,木方方向垂直桁架,保证各层间木方水平投影重合,存放层数不超过6层且高度不大于1.5 m。木方上下两接触面需用20 mm软质材料做找平和减震处理,避免局部木方垫块与板间存在缝隙,保证均匀受力,如图8-13所示。

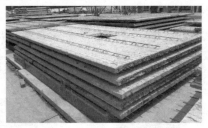

图8-13　现场叠合楼板堆放示意图

3)楼梯的存放

预制楼梯应存放在指定的区域,存放区域地面应保证水平。预制楼梯应分型号码放;折跑梯左右两端第二个、第三个踏步位置应垫4块100 mm×100 mm×500 mm木方,距离前后两侧为250 mm。保证各层间木方水平投影重合,存放层数不超过6层,如图8-14所示。

图8-14　现场预制楼梯存放示意图

4)空调板的存放

空调板存放区域地面应保证水平。空调板应分型号码放,水平放置,层间用2块70 mm×70 mm×300 mm的木方隔开,木方距两侧边缘250 mm左右。保证各层间木方水平投影重合,存放层数不超过10层,如图8-15所示。

5)其他构件存放架

预制 PCF(prefbricated concrete form,PCF)板是一种采用现浇剪力墙外墙半预制混凝土的形式,一种非结构的预制外墙模板,因其与现浇部位设置有拉结件,工厂化生产时需要配备相应的存放和运输装置,如图8-16 所示。

图 8-15　预制空调板存放　　　　　图 8-16　PCF 板现场存放

五、构件存放临时支撑布置

临时支撑在装配式建筑的施工中主要是用来保证施工的结构,如各类支架等。在使用门式支架时,要对间距和数量进行精确计算,并由相关的工作人员对其进行检查审核,合格后向监理单位报审批,审批通过后才能应用在施工过程中。

在施工临时支架进货时,必须要进行验收。其目的是保证支架的壁厚和外观质量,在首次使用支架时,还应进行试压操作,明确确认支架的撑重能力,排除 PC 构件支撑隐患,如图8-17 为现场构件存放支架和护栏示意图。

六、吊运安全

预制构件吊装是装配式建筑施工的关键环节,首先应该对起重设备能力进行核算。起重设备的选型、数量确定、规划布置是否合理则关系整个工程的施工安全、质量与进度。应依据工程预制构件的型式、尺寸、所处楼层位置、重量、数量等分别汇总列表,作为所选择起重设备能力的核算依据。

图 8-17 现场构件存放支架和护栏

（一）吊运安全的要求

（1）应根据预制构件的形状、尺寸、重量和作业半径等要求选择吊具和起重设备，所采用的吊具和起重设备及其操作，应符合国家现行有关标准及产品应用技术手册的规定。

（2）吊点数量、位置应经计算确定，应保证吊具连接可靠，应采取保证起重设备的主钩位置、吊具及构件重心在竖直方向上重合的措施。

（3）吊索水平夹角不宜小于60°，不应小于45°。

（4）应采用慢起、稳升、缓放的操作方式，吊运过程，应保持稳定，不得偏斜、摇摆和扭转，严禁吊装构件长时间悬停在空中。

（5）吊装大型构件、薄壁构件或形状复杂的构件时，应使用分配梁或分配桁架类吊具，应采取避免构件变形和损伤的临时加固措施。

（二）吊运安全监管要点

（1）吊装中存在的安全风险如下：

①连接部位失效（见图 8-18），一旦构件掉落，不但会造成人员伤亡，而且会损坏其他物品，后果极其严重。

②吊装设备问题。

起重机械是预制构配件吊运过程中的主要机械设备之一，如图 8-19 所示，若是吊装设备的性能出现问题，可能会导致构配件在吊运时滞留在空中，由此会形成巨大的安全隐患。同时，如果设备长期超负载运行，则可能被预制构件压垮，从而出现折臂或倒塌的严重后果。

吊车的地基处理及塔吊的附着装置尤为重要。

图 8-18　预制构件吊点失效　　　　　图 8-19　预制构件吊装设备

　　预制构配件往往自重较大,因此对塔吊等起重设备的附着措施要求十分严格。不得将附墙与外挂板、内墙板等非承重构件连接,且应优先选择窗洞、阳台伸进。建设单位与施工单位应在预制构件工厂生产阶段之前,将附墙杆件与结构连接点所处的位置向预制工厂交底,在构件预制过程中便将其连接螺栓预埋到位,以便施工阶段塔吊附着措施的精确安装。附墙杆件与结构的连接应采用竖向位移限制、水平向转动自由的铰接形式,如图 8-20 所示。

图 8-20　塔吊附墙连接

　　③操作不当。

　　由于装配式建筑的绝大部分构配件需要通过吊装的方式进行施工,繁重的工作很容易导致操作失误的情况发生。此外,塔吊的地面指挥人员如果与操作人员配合得不够默契,则可能在施工中引起刮碰等安全事故。

（2）机械设备的合理使用和精心维护是设备安全运行的关键，它对减少机械磨损、节约能源消耗、延长使用寿命都有重要的意义。

七、吊装安全

（一）构件吊装操作规范

（1）作业前起重机司机必须检查起重机设备的完好性，进行试运转，保证制动器、安全连锁装置灵敏可靠，机件润滑油位合格。

（2）和工艺技术人员核对被吊物的重心和吊点位置分布符合吊装要求，确定起重耳板尺寸。吊耳必须经中级以上焊工焊接，质检合格。

（3）现场司索指挥必须检查吊运大件重物捆绑是否平衡牢靠，做好衬垫措施，所有现场操作人员应站在重物倾斜方向的旁侧面，严禁面对倾斜方向和反方向站立。

（4）现场使用的起重工索具必须由起重指挥人员进行检查，根据吊运方案选用工具、索具。选用的索具长度必须符合要求，钢丝绳的夹角要适当，在施工中如发现工具、索具缺少，需要代用时，必须经指挥同意后方可代用，并做好记录。

（5）施工吊装时应进行试吊，在离地面 100 mm 时，停止起升，检查起重设备、吊索具、缆风绳、地锚等受力情况，确认无问题后才能正式起吊。

（6）多台起重机协同起吊一重物时，重量分布不超过每台起重机额定重量的 80%，并保证各台起重机之间保持足够的距离，以免发生碰撞。

（7）吊运作业过程中禁止用手直接校正被吊重物张紧的绳索，在重物就位固定前，严禁解开吊装索具。

（8）禁止施工作业人员随同吊装的重物或吊装机具升降。

（9）吊运作业时，被吊重物应尽可能放低行走。严禁被吊重物从人员上空穿越，所有人员不得在被吊重物下逗留、观看或随意走动，不得将重物长时间悬吊于空中。

（二）构件安装支撑安全

预制构件吊装时临时固定措施、临时支撑系统应具有足够的刚度、强度和整体稳定性。

（1）预制构件与吊具的分离应在校准定位及临时支撑安装完成后进行。

（2）竖向预制构件安装采用临时支撑时应符合：预制构件的临时支撑不宜少于 2 道；对预制柱、墙板构件的上部斜支撑，其支撑点距离板底的距离不宜小于构件高度的 2/3，且不应小于构件高度的 1/2；斜支撑应与构件可靠连接；构件安装就位后，可通过临时支撑对构件的位置和垂直度进行微调，如图 8-21 为竖向预制构件安装临时支撑示意图。

图 8-21　竖向预制构件安装临时支撑

（3）水平预制构件安装采用临时支撑时，应符合：首层支撑架体的地基应平整坚实，宜采取硬化措施；临时支撑的间距及其与墙、柱、梁边的净距应经设计计算确定，竖向连续支撑层数不宜少于 2 层且上下层支撑宜对准；叠合楼板预制板底下部支架宜选用定型独立钢支柱，竖向支撑间距应经计算确定，如图 8-22 所示为水平构件临时支撑示意图。

（4）结构临时支撑应保证所安装构件处于安全状态，当连接接头达到设计工作状态，并确认结构形成稳定结构体系时，方可拆除临时支撑。

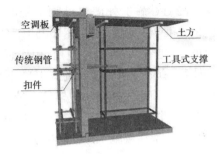

(a) 预制叠合楼板临时支撑系统　　　　(b) 预制空调板临时支撑

图 8-22　水平构件的临时支撑体系

第三节　安全防护

装配式施工是一项较为复杂的系统工作,其中涉及诸多吊装工序,施工安全隐患有所增大。鉴于此,在施工环节中严格遵循安全风险管理原则,采取合理的、行之有效的安全风险管理措施,杜绝了安全事故发生,有效保证了装配式建筑住宅楼项目施工作业的有序安全进行。

一、临边及高处作业防护

(1)为了防止登高作业事故和临边作业事故的发生,可在临边搭设定型化工具式防护栏杆或采用外挂脚手架,其架体由三角形钢牛腿、水平操作钢平台及立面钢防护网组成(见图 8-23)。

图 8-23　临边防护

(2) PC 施工外墙不设脚手架时,一般在吊装楼层临边设置预埋(挂)防护架(见图 8-24、图 8-25)。分片式外挂防护架加工简便、拼装简单、省工省料、可循环使用,用作装配式混凝土结构施工期间的外围护体系,有效地解决了装配式混凝土结构现场吊装施工阶段的安全防护问题。分片式外挂防护架是一种固定于建筑物结构上,分片设置、整体封闭,并设有操作层,适用于装配式剪力墙结构建筑在主体施工阶段使用的新型建筑施工外挂防护架。

图 8-24　分片式外挂防护架
　　　　　连接示意图

图 8-25　分片式外挂防护架安装效果

(3) 攀登作业所使用的设施和用具结构构造应牢固可靠,使用梯子必须注意,单梯不得垫高使用,不得双人在梯子上作业,在通道处使用梯子设置专人监控,安装外墙板使用梯子时,必须系好安全带,正确使用防坠器,如图 8-26 所示。

图 8-26　安装作业人员防护措施

二、临时用电安全管理

在装配式建筑施工中，触电是很容易被忽视却又常常会发生的一类事故，预制构件在完成拼装后，外挂板的拼接、拼缝防水条焊接、外挂板的固定需要加设斜支撑，其余部位的钢筋焊接也会涉及现场用电。为便于施工，施工楼层每层必须设置配电箱方便用电，现场实行一机一箱一闸一漏制度，严格执行三级配电二级保护用电原则，楼梯通道使用 36 V 安全电压，如图 8-27 所示。

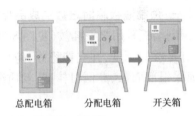

总配电箱　　　　分配电箱　　　　开关箱

图 8-27　现场安全用电示意图

三、安全教育

传统的整体现浇建筑施工中的工人，显然已难以适应装配式建筑施工的要求，因此对工人开展相关的技术技能、安全培训教育是十分必要的。根据国内开展装配式建筑施工先行城市的实践来看，工人培训工作主要还是由施工企业组织进行的。企业宜在为工人开展技术技能、安全等培训后，组织理论、实操考试，并对考试合格的工人颁发上岗证。

第四节　成品保护

装配式结构的预制构件的成品保护是为了最大限度地消除和避免成品在施工过程中的污染和损坏，以达到减少和降低成本，提高成品一次合格率、一次成优率的目的。在施工过程中，要对预制构件进行成品保护,否则一旦造成损坏,将会增加修复工作,造成工料浪费、工期拖延,甚至造成永久性缺陷。因此,要特别注意在运输过程中、现场临时堆放以及吊装过程中预制构件的成品保护。

一、现场临时堆放的成品保护

预制构件运送到施工现场,尽量避免堆放,应随即吊运到安装的位置。如要堆放,应堆放在起吊设备的覆盖范围内,避免二次搬运。预制外墙、内墙应采用专用的堆放架放置,预制叠合板及异形构件应按照吊装计划,按编号依次叠放。

(一)预制墙板临时堆放的成品保护

预制墙板采用竖立插放(见图8-28),插放时通过专门设计的插放架应有足够的刚度,并支垫稳固,防止倾倒或下沉;墙板宜升高离地存放,确保根部面饰、高低口构造、软质缝条和墙体转角等保持质量不受损。

图8-28　预制墙板临时堆放成品保护

(二)叠合楼板临时堆放的成品保护

叠合楼板应选择平放,按叠合楼板的受力情况正确选择支垫位置,防止构件发生扭曲和变形;叠合楼板可采用叠放方式,层与层之间采用100 mm×100 mm木方垫平、垫实。各层支垫必须在一条垂直线上,最下面一层支垫应通长放置,叠放层数不应大于6层,如图8-29所示。

(三)异形构件临时堆放的成品保护

异形构件堆放时,应选择平放,按异形构件的受力情况正确选择支垫位置,防止构件发生扭曲和变形;异形构件可采用叠放方式,层与层

图 8-29　叠合楼板临时堆放成品保护

之间采用 100 mm×100 mm 木方垫平、垫实,叠放层数应不大于 6 层,如图 8-30 为预制楼梯临时堆放过程中成品保护示意图。

图 8-30　预制楼梯临时堆放过程中成品保护

二、构件吊装时的成品保护

(1)为防止预制件起吊时单点起吊引起构件变形,可采用吊运钢梁或钢架将预制构件均衡起吊就位,吊装过程中严禁快速猛放,以免造成预制构件损坏。

(2)预制构件吊装埋件及专用吊扣。

预制构件(内墙板、外墙板、叠合楼板、异形构件)吊装采用内置螺母,在螺母处布置螺旋箍筋,以加强与预制构件的连接作用,根据预制构件的质量选用 5T 与 2.5T 两种形式的内置螺母,吊装时配置与吊钉匹配的专用吊扣。

(3)预制墙板吊装时的成品保护。

为了避免预制墙体吊装时,因受力不均而造成墙体构件损坏,预制墙板吊装采用专用吊梁,如图8-31所示。

图8-31　预制墙板吊装专用吊梁

(4)预制墙体在吊运过程中,为了避免预制墙体局部受力不均(如门、窗洞口位置),造成预制墙体损坏,预制墙体在工厂内利用槽钢将预制墙体门、窗洞口位置进行加固处理(见图8-32),确保预制墙体在吊运过程中不被损坏。

图8-32　预制墙体洞口加固措施

(5)预制叠合楼板吊装时的成品保护。

为了避免预制叠合楼板吊装时,因受集中应力而造成叠合楼板开裂,预制叠合楼板吊装采用专用吊架(见图8-33)。

(6)预制楼梯吊装时的成品保护。

预制楼梯吊装时,可利用吊钩和长短吊绳直接吊装预制楼梯,如图8-34所示。

图 8-33 预制叠合楼板吊装专用吊架

图 8-34 预制楼梯吊装成品保护

三、制构件安装完成后成品保护

（一）预制墙板安装完成后成品保护

预制墙板安装完成后，为了避免后续二次结构及精装施工，对预制墙板门、窗洞口转角位置造成破坏，现场采用废弃木模板制成 C 形框，对预制墙板门、窗洞口转角位置进行成品保护，如图 8-35 所示。

（二）预制楼梯安装完成后成品保护

预制楼梯安装完成后，为了避免施工人员上下楼梯对预制楼梯造成损坏，现场采用废旧模板制成楼梯踏步台阶形状，覆盖在预制楼梯上，对预制楼梯进行成品保护，如图 8-36 所示。

图 8-35　预制墙板门、窗洞口
　　　　　成品保护

图 8-36　预制楼梯安装完成后
　　　　　成品保护

参 考 文 献

[1] 范幸义,张勇一. 装配式建筑[M]. 重庆:重庆大学出版社,2017.

[2] 济南市城乡建设委员会建筑产业化领导小组办公室. 装配整体式混凝土结构工程工人操作实务[M]. 北京:中国建筑工业出版社,2016.

[3] 王宝申. 装配式建筑建造施工管理[M]. 北京:中国建筑工业出版社,2018.

[4] 上海隧道工程股份有限公司. 装配式混凝土结构施工[M]. 北京:中国建筑工业出版社,2016.

[5] 钟振宇,那丽岩. 装配式混凝土建筑构造[M]. 北京:科学出版社,2018.

[6] 郭学明. 装配式混凝土结构建筑的设计、制作与施工[M]. 北京:机械工业出版社,2017.

[7] 中华人民共和国住房和城乡建设部. 装配式混凝土结构技术规程:JGJ 1—2014[S]. 北京:中国建筑工业出版社,2014.

[8] 中华人民共和国住房和城乡建设部. 混凝土结构工程施工质量验收规范:GB 50204—2015[S]. 北京:中国建筑工业出版社,2015.

[9] 中华人民共和国住房和城乡建设部. 装配式建筑评价标准:GB/T 51129—2017[S]. 北京:中国建筑工业出版社,2017.

[10] 中华人民共和国住房和城乡建设部. 装配式混凝土建筑技术标准:GB/T 51231—2017[S]. 北京:中国建筑工业出版社,2016.

[11] 刘德富,彭兴鹏,刘绍军,等. BIM～(5D)在工程项目管理中的应用[J]. 施工技术,2017,46(S2):720-723.

[12] 樊骅. 信息化技术在预制装配式建筑中的应用[J]. 住宅产业,2015(8):61-66.

[13] 夏峰,张弘. 装配式混凝土建筑生产工艺与施工技术[M]. 2 版. 上海:上海交通大学出版社,2017.

[14] 中华人民共和国住房和城乡建设部. 装配式混凝土剪力墙结构住宅施工工艺图解:16G906[S]. 北京:中国计划出版社,2016.

[15] 黄延铮,魏金桥. 装配式混凝土建筑施工技术[M]. 郑州:黄河水利出版社,2017.